高科技纺织品与健康

商成杰 / 编著

中国纺织出版社

内 容 提 要

本书系统讲述了保健养生的基本知识，重点论述了生活方式、生存环境和健康长寿的关系，还介绍了保健功能纺织品和模仿巴马长寿生存环境的健康功能寝具。本书可以增强人们的保健意识，养成健康的生活方式，有助于实现健康长寿的梦想。

本书可供全民健康教育科普之用，也可作为科研、教学和从事功能纺织品开发人员的参考书。

图书在版编目（CIP）数据

高科技纺织品与健康 / 商成杰编著 . -- 北京：中国纺织出版社，2018.3

ISBN 978-7-5180-4256-2

Ⅰ. ①高…　Ⅱ. ①商…　Ⅲ. ①保健纺织品　Ⅳ. ①TS1

中国版本图书馆 CIP 数据核字（2017）第 265104 号

责任编辑：朱利锋　　特约编辑：樊雅莉

责任校对：楼旭红　　责任印制：何　建

中国纺织出版社出版发行

地址：北京市朝阳区百子湾东里A407号楼　邮政编码：100124

销售电话：010 — 67004422　传真：010 — 87155801

http：//www.c-textilep.com

E-mail：faxing@c-textilep.com

中国纺织出版社天猫旗舰店

官方微博http：//weibo.com/2119887771

北京虎彩文化传播有限公司　各地新华书店经销

2018 年 3 月第 1 版第 1 次印刷

开本：710 × 1000　1/16　印张：10.5

字数：111 千字　定价：48.00 元

康乐人生
益寿延年
甲午秋月

前 言

健康长寿是各民族共同的追求，活到百岁是所有人永远的梦想。长寿是立身之本，健康是立国之基。我国“十三五”规划提出了健康中国新目标，人民健康是实现中华民族伟大复兴梦的坚实基础。目前，人们实现丰衣足食之后，对健康长寿的渴求显得越来越强烈，追求健康长寿成为所有人的新时尚。的确，拥有健康才能拥有一切，有健康的身体才能挑起生活的重担，才能对社会有所贡献，才能享受高品质生活带来的幸福。

联合国通过了2030年可持续发展目标，其中一项重要目标就是“确保健康生活，促进全人类福祉”。世界卫生组织《2016世界卫生统计报告》显示，2015年全球人均寿命为71.4岁，其中日本的人均寿命全球最高，为83.7岁，中国的人均寿命只有76.1岁。世界卫生组织对人的年龄段是这样划分的：45 ~ 59岁属中年人；60 ~ 74岁属青年老人；75 ~ 89岁属正式老年人；90 ~ 120岁才属于高龄老人。可见，一个人活到120岁真的不是梦。

生活方式和生存环境改变着我们的生活，影响着我们的健康。生活方式是指日常生活的行为习惯，包括饮食、作息、运动、工作、心态、爱好等。研究表明，健康的生活方式可以使人长寿，使高血压发病率减少55%，使脑卒中减少75%，使糖尿病减少50%，使恶性肿瘤减少35%，还可以使人均寿命延长10 ~ 20年，且大幅度提高生活质量。生存环境和健康长寿有着直接关系，食物、空气、水和地磁场严重影响着人体的健康，中国长寿之乡广西巴马、湖北恩施、海南母瑞山等长寿福地的共同特点是环境好，没有污

染，没有电磁辐射，阳光灿烂远红外线多，空气清新负氧离子高，区域的地磁场强度高，水和食物洁净并且富含硒和锗微量营养元素。生活方式的选择、生存环境的改变完全是由自己决定的，这就是说，健康长寿的主动性掌握在自己手里，健康需要自我管理和保护。

随着健康知识的普及，人们越来越意识到健康的重要性。一方面，身心健康有助于长寿；另一方面，健康在很大程度上决定了生活质量和事业的成功。人们开始寻找更加健康的生活方式，保健已成为人们追求的一种时尚。正是为了顺应这种消费的潮流，多功能保健产品应运而生。功能保健纺织品作为一种高技术含量、高附加值的产品，是近年来纺织行业一个重要的开发热点。近来我国许多科研机构和企业也已意识到保健纺织品这一巨大市场，纷纷采用新技术、新材料、新工艺，开发出一大批保健纺织新品，如磁性纤维、银纤维、托玛琳电气石纤维等功能纤维，有机锗、有机硒、磁疗、负离子、远红外、抗菌、防螨、防霉、芳香、维生素、芦荟、甲壳素、抗紫外线、防电磁辐射等系列功能纺织品，其保健功能日益得到人们的关注。

在日益提升的消费力、逐渐增强的健康意识、生活方式转变以及人口快速老龄化等诸多因素的共同作用下，中国保健品行业增速惊人，尤其是保健功能纺织品倍受消费者青睐。我国已成为继美国之后的世界第二大保健功能纺织品消费市场，并以每年 20% 的速度增长，预计在 2020 年，中国的保健功能纺织品的市场规模要达到 8000 亿元。高科技功能纺织品异军突起，已成为我国纺织品行业新的增长点，健康类纺织品将成为纺织品行业重要的发展方向。

2011 年 7 月，笔者作为特邀专家参加了卫生部全民健康生活方式教育大巡讲报告会，会上笔者做了《健康长寿与功能纺织品》的专题报告。会议期间，卫生部原副部长、全国医师协会会长殷大奎老师建议笔者编写一部健康纺织品的科普读物，用于全民健康生活方式教育。殷部长认为，我们的生活离不开纺织品，人们 1/3 的时间是在床上度过的，因此，具有保健理疗功能的服装和寝具对于健康长寿非常重要。笔者主编的《功能纺织品》《织物抗菌和防螨整理》《功能纺织化学品》和《新型染整助剂手册》等书籍出版之后，受到广大同仁的普遍欢迎，大家认为人民的健康需求日益增长，希望笔者将 30 多年来从事健康功能纺织品科研工作的经验和掌握的大量相关信息编写成书，奉献给读者，以供全民健康教育科普之用，也可作为科研、教学和从事功能纺织品开发人员的参考书。

本书共五章，第一章是健康长寿与生活方式，第二章是健康长寿与生存环境，第三章是保健功能纺织品，第四章是健康睡眠纺织品，第五章是长寿百岁不是梦。由于人们的生活方式和生存环境是影响健康的关键因素，也是大家关心的热点，作者对生活方式和生存环境如何影响健康做了较多的叙述。在本书中，作者还系统地讲述了各种创造健康生存环境的保健纺织品和模仿巴马长寿生存环境的健康功能寝具，并列举了大量实例，提供了如何利用健康长寿纺织品养生的知识。笔者希望本书可以增强人民的保健意识，促使大家养成健康的生活方式，有助于提高中华民族的健康水平和有利于发展人类的保健事业。

笔者在本书的编写过程中，参阅了大量的国内外资料，并收集了有关保健功能纺织品的最新成果，力求做到内容丰富、准确、新颖、翔实。笔者长期从事于功能纺织品的科研工作，并获得多项中国发明专利，其中，笔者研制成功的 SCJ 抗菌面料用于中国人民解放军 90 作训鞋已有 28 年的历史，抗菌除臭剂 SCJ-963 被列入中国人民武装警察部队后勤部部标准 WHB 4109—2002《01 武警作训鞋》，健康元素（有机锗、有机硒、远红外、负离子、抗菌、防螨、防霉、防紫外、防蚊虫、阻燃、芳香、维生素、芦荟）功能纺织品是作者从事的科研项目，本书的有些数据来自笔者所在课题组研究报告，这也有别于其他同类书籍。作者主持起草制定了 FZ/T 01116—2012《纺织品　磁性能的检测和评价》、GB/T 24253—2009《纺织品　防螨性能的评价》、GB/T 20944—2007《纺织品　抗菌性能的评价》、GB/T 24346—2009《纺织品　防霉性能的评价》、GB/T 30126—2013《纺织品　防蚊性能的检测和评价》等国家标准及行业标准，本书还汇集了这些功能纺织品标准中的精华，为开发健康纺织品提供了相关标准依据，这也是本书一大特色。

在本书的编写过程中，借鉴了许多同仁的有益经验和建议，得到了卫生部健康教育首席专家、中国医师协会会长殷大奎老师，中国疾病预防控制中心朱丹教授，军事医学科学院张金桐研究员等著名专家教授的多方面帮助。特别是尊敬的姚穆院士在病床上仍坚持审阅全部草稿，并书写了大量的修改意见，北京洁尔爽高科技有限公司研究中心的王爱英和张亚楠高工、上海巨化纺织科研所的李静和彭国敏研究员、深圳康益保健用品有限公司健康家纺研究中心的俞幼萍和卜志华高工、中国纺织工程学会全国纺织抗菌研发中心王兴福主任等专家教授提供了大量实验报告，并参与了部分章节的编写工作，商蔚和刘彩虹工程师承担了外文资料的编译整理工作。在此，谨对他们表示衷心的感谢。

尽管在本书的编写过程中，笔者力图使本书完美，但限于笔者的水平与精力，书中难免存在错误与疏漏之处，敬请广大专家及读者斧正（来信请寄：北京中关村东路 18 号 A1210 室，邮箱：scj@jlsun.com，电话：13801284988）。

商成杰

2017 年 7 月 18 日

目 录

目录

目录

第一章　健康长寿与生活方式

健康长寿，人人求之。长寿是立身之本，健康是立国之基。随着社会的发展、科技的进步，人们生活水平的不断提高，健康越来越受到人们的重视。健康的身体不是短时间的促成，而是从日常生活中的点滴小事做起，做到平衡饮食、充足睡眠、有氧运动、保持好心情，养成好习惯，并坚持不懈，自然就会实现身体康健。

健康的定义：健康不仅仅是身体没有疾病或不羸弱，而是生理、心理以及社会适应能力三方面全部良好的一种状态。健康是人生的最大财富，健康是每天生活的资源。老百姓常说："健康是无形财产，保健是银行存款，生病是本金透支，治病是欠债还钱。"因此，我们要学会"经营健康，享用生命"。

科学家用一个公式来表示健康及其影响因素的关系：

健康状况 = 函数（生存环境 + 生活方式 + 医疗保健 + 个人生物学因素）

其中影响健康的因素是生存环境和生活方式。

生活方式改变着我们的生活，影响着我们的健康。卫生部专门组织了全民健康生活方式教育大巡讲，卫生部原副部长、中国医师协会会长殷大奎教授作为卫生部健康教育首席专家，领衔这场影响国人健康的活动。生活方式是指日常生活的习惯行为，包括饮食、作息、运动、工作、心态、嗜好等。研究表明，健康的生活方式可以使人长寿，使高血压发病率减少 55%，使脑卒中减少 75%，使糖尿病减少 50%，使恶性肿瘤减少 35%，还可以使人均寿命延长 10 ~ 20 年，且大幅度提高生活质量。生活方式的选择完全是由自己决定的，这就是说，健康长寿的主动性掌握在自己手里，健康需要自我管理和保护。

中国医师协会会长殷大奎教授说：健康的四大基石是合理膳食、适量运动、心态平衡、戒烟限酒。饱餐、酗酒、激动和过劳是中年早逝的主要原因。

第一节　健康长寿与饮食

我国从来就有“医食同源”之说。人类通过漫长的实践，发现有些食物既可以食用，同时又能作为药用。多少年来，人们一直不断地在探索食疗与健康长寿的关系。早在东汉末年，我国著名医学家张仲景在《金匮要略》中指出：“所食之味，有与病相宜，有与身为害，若得宜则益体，害则成疾。”意思就是说，饮食不当可能引起病变，产生不良反应，从而加重病情和引起严重后果。这说明，我们需要根据食物的营养特点和性味功能，因人而异地合理选择和摄取食物，才能使饮食真正为人类的保健事业做出应有的贡献。

中国营养学会推荐的8条膳食指南：

（1）食物要多样。混食可互补，偏食很难达到合理营养；

（2）粗细要搭配。多吃粗米面和杂粮，纤维素可增加饱腹感，延迟胃排空，还可刺激肠蠕动，减少便秘，预防心血管病、糖尿病和结肠癌；

（3）饥饱要适当。避免超重或消瘦，不暴饮暴食；

（4）三餐要合理。早、中、晚餐的热量分配比例以30%、40%、30%为适宜；

（5）限油腻。植物性食品来源的脂肪要占总脂肪2/3，或者动物性食物不超过1/3；

（6）少吃盐。盐多易造成血压升高、肾功能损害，增加幽门螺杆菌毒性（美国科学家最新研究发现，高盐可致与幽门螺杆菌有关的两种基因转录活动增多，基因的表达模式变化，导致幽门螺杆菌发病风险增加）。建议每人每日吃盐不超过6克；在卢森堡召开WHO会议上，建议将成人每人每日食盐上限降为5克。

（7）少食甜食、多食鱼。鱼，特别是鱼油，富含长链ω-3多不饱和脂肪酸，每周进食0.23千克富含鱼油的鱼，可使成年人猝死和CVD发病率明显下降。

（8）少饮酒。严禁酗酒，孕妇儿童更应忌饮。

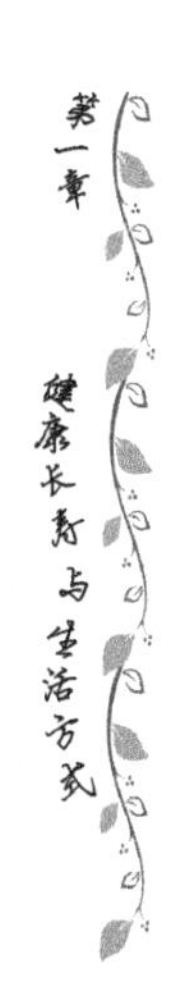

一、健康与膳食平衡

《素问》记载：“五谷为养，五果为助，五畜为益，五菜为充。”

揭示了五谷为人体养生所需，五果有助人体新陈代谢，五畜有益人体补充能量，五菜给人的身体健康加力，提高免疫力。而蔬菜水果含各种维生素、矿物质、大量纤维素、果胶等，其在人体内最终代谢物呈碱性，称其为碱性食物。而鱼、肉等食物含硫、磷较多，在人体内的最终代谢物呈酸性，称其为酸性食物。酸性食物会在体内产生大量酸性产物的垃圾，不利于细胞的修复，所以多吃点新鲜的蔬菜水果等碱性食物才是健康的饮食，才能有助于健康长寿。

健康需要平衡膳食，多吃素。主食要粗细搭配，每餐不宜饱食，以 100 克至 150 克为度；副食要多蔬菜、水果，鱼、蛋、奶适量，洋葱或大蒜每餐必备。最好戒烈性酒。根据笔者经验，多吃黄豆制品对人体大有补益。多样化的饮食是保证人体必需的五大营养要素即蛋白质、维生素、淀粉、脂肪、矿物质不可缺少的必要条件。然而，仅仅多样化的饮食并不能满足健康的需要，饮食还需要合理化，要多吃蔬菜、水果、粗粮等绿色食品，少吃肉，多喝茶，少喝甜饮料。

绿茶是中国的主要茶类之一，其中含有的茶多酚、咖啡碱保留了鲜叶的 85% 以上。多酚是一种抗氧化剂，能对抗自由基，防衰老；多酚还能在很短的时间内杀掉产生口臭的细菌，所以茶可作清口之用，常用茶水漱口还能坚固牙齿。另外，在绿茶中加入枸杞子，具有补肝益肾明目的作用；加入三七，可以活血化瘀；加入杜仲，能补血壮骨；加入野菊花，能明显地降低血压。正因为绿茶对防衰老、防癌、杀菌等均有特殊效果，特别是富含硒锗等微量营养元素的绿茶更具有良好的养生保健作用，所以提倡大家经常喝绿茶。巴马野生甜茶，纯天然、原生态、无污染常绿木本植物，内含有茶多酚、甜茶素、硒、锗等物质，除具备普通绿茶的功效外，同时还具有调理心血管疾病、预防中风、防癌、预防牙齿疾病等药效。巴马当地人祖祖辈辈，从古至今都有用甜茶煮粽子、煮茶饭、煮茶粥的传统习惯，是身体长寿必不可少的组成部分，是不可多得的极品养生茶。

在平衡营养的同时，还要注意饮食有度，西晋张华在《博物志》中说："所食愈少，心愈开，年愈益；所食愈多，心愈塞，年愈损。"民谚："吃饭少一口，活到九十九。"意思就是指饭吃八分饱，有利于延年益寿。同时适当的节食使身体处于饥饿状态，不仅可以减轻肠胃负担，延缓衰老，还可以防止肥胖、糖尿病、高血压的发生，因此饮食以七八分饱为宜。

巴马长寿老人的饮食普遍简单，以玉米粥和蔬菜为主，常吃火麻油、茶油、白薯、芋头、南瓜、黄瓜以及黄豆、绿豆等五谷杂粮，这些纯天然食物粗糙，能量不高，不会造成营养过剩。

卫生部原副部长、中国医师协会会长殷大奎教授建议中国人膳食宝塔如下：

其中，建议成人的每天食物摄入量为：油 25 ~ 30 克，盐 6 克，奶类及奶制品 300 克，大豆类及坚果 30 ~ 50 克，畜禽肉 50 ~ 75 克，鱼虾 50~100 克，蛋 25 ~ 50 克，蔬菜类 300 ~ 500 克，水果类 200 ~ 400 克，谷类薯类及杂豆 250 ~ 400 克，水 1200 毫升。

二、中老年人的饮食要点之“四多”

1. 多吃蔬果

蔬菜和水果中含有大量抗氧化物，可延长寿命，假定每日食用超过560克的蔬菜和水果，那么可降低3%的死亡率。新鲜蔬菜富含多种维生素、果胶、无机盐等，利于身体健康。而水果是常被老年人忽略的食物，可每天吃350克水果。一些质地软的水果，如香蕉、西瓜、水蜜桃、木瓜、芒果、猕猴桃等都很适合老年人食用，也可以把水果切成薄片或是以汤匙刮成水果泥食用。如果要打成果汁，必须注意控制分量，打汁时可以加些水进行稀释。

2. 白天多补充水分

水是生命之源，是新陈代谢的重要一环，不仅构成了身体的主要成分，而且还有许多的生理功能。一方面可以运送体内的氧气、营养物质、激素等；另一方面可通过大小便、汗液把新陈代谢产物及有毒物质排泄掉。同时水还是体内的润滑剂，是必不可少、至关重要的物质，所以喝水对于每个人来说都是相当重要的。因为担心尿失禁或是夜间频繁跑厕所，不少老年人整天不大喝水。其实应该鼓励老人在白天多喝白开水，也可泡花草茶（尽量不放糖）变化口味，但是要少喝含糖饮料。晚餐之后，减少摄取水分，这样就可避免因夜间上厕所而影响睡眠了。

3. 食醋有益

食醋具有很多有益于人体健康的作用，包括抗菌、预防感冒、健胃与调理血压、延缓衰老等作用。明朝医药学家李时珍在《本草纲目》一书中指出：醋能消肿、散水气、杀邪毒、理诸药。日本有人总结了饮服食醋的四大疗效：食醋能防止和消除疲劳，体力能较快地得以恢复；食醋有降血压、防止动脉硬化之功效；食醋对致病菌有杀伤作用；食醋对人体皮肤有滋润美容作用。此外，食醋可促进人体对食物中钙、磷、铁等矿物质的溶解和吸收。食醋可增加食欲，还可预防疾病。与其他食物相配合可以达到意想不到的效果。

（1）醋泡花生米。浸泡一昼夜后每日清晨服 7 ~ 10 粒，对老年人软化血管，降低血压，降低胆固醇均有好处。醋与花生的“天仙配”是营养而科学的，花生营养丰富，含脂肪 40% ~ 50%，尤其富含人体所需要的不饱和脂肪酸；醋中多种有机酸恰是解腻又生香的。醋泡花生有清热、活血的功效，对保护血管壁、预防血栓形成有较好的作用，长期坚持食用可调理血压，软化血管，减少胆固醇的堆积，是预防心血管疾病的保健食品。值得注意的是，食用要适量，吃后及时漱口，否则对牙齿不利。

（2）醋化冰糖。每日适量食用醋化冰糖同样可软化血管，调理血压与胆固醇。《中国老年》2013 年第 8 期中记载醋化冰糖抗顽疾。冰糖具有润肺、止咳、清痰和去火的作用，而醋具有刺激性，当两者混合，冰糖就能够充当辅料，使其味道更为温和，且不影响醋的功效。

（3）醋蛋。醋蛋是用米醋和鸡蛋配制的一种饮食，对老年健康非常有益。根据黄刃石编写的《醋蛋神功》一书介绍，醋蛋不仅营养丰富，还能治疗很多疾病，其提供的营养物质有利于体内细胞的再生、分裂，并软化血管，增进血液的循环，使人精力充沛，有利于体内新陈代谢的正常运行，增强免疫力和抗体效应。其中最有医疗效果的是调理高血压、动脉硬化、胃下垂、慢性肝炎、糖尿病，利尿和通便作用等。

为什么醋蛋会具有这些效果呢？至今还没有较为权威的理论解

释。初步分析是，由于鸡蛋是营养接近完全的食品，将被溶化的蛋壳（醋酸钙）和蛋白、蛋黄一同饮用，既能摄取钙质，又加上醋本身的效用，种种因素集中起来产生了协同功效。

醋蛋的制作及食用方法：取米醋 180 毫升，新鲜鸡蛋一个，用水洗净鸡蛋后，在米醋内浸泡两昼夜，待蛋壳完全溶化后，用筷子把残留的薄膜完全除掉，再搅拌蛋黄和蛋白，醋蛋原液就制成了。可每日早晨空腹服 1 次，饮用时，在两大匙醋蛋液内加入一大匙蜂蜜调匀，再用凉开水稀释 5 ~ 7 倍。饭后 30 分钟后服用，每天饮用 1 ~ 2 次。

（4）醋泡黄豆。用醋浸泡黄豆可调理便秘，这是我国自古以来流传的民间药方。科学家分析，醋豆既能健身，也可预防动脉硬化和脑血栓，这是因为醋豆所含的磷脂及多种氨基酸，能促进皮肤细胞的新陈代谢，并有降低胆固醇，改善肝功能及延缓衰老的作用。醋豆的制备方法是，用好黄豆洗净晒干，于锅内炒熟，然后放入空瓶中，约占瓶 1/3，在倒入醋后加盖，放凉处，一周后就可食用。醋豆以每天吃一匙为宜，如不喜欢吃酸，可加蜂蜜或红糖。近年来，日本学者曾作了一次试验，他们挑选了 9 个人，每天午后 3 点吃 5 粒醋泡黄豆，持续 3 个月，其间每周测量血压一次，每月验血一次，结果血压明显趋于正常。

4. 多补充钙质

老年人由于生理机能减退，容易发生钙代谢的负平衡，出现骨质疏松症及脱钙现象，也极易造成骨折。同时老人胃酸分泌相对减少，也会影响钙的吸收和利用。如果钙摄入量低于排出量，会造成骨密度降低、骨质疏松，并容易骨折。据统计，仅美国就 25 万名中老年人因缺钙而造成骨折，其中许多患者因此而造成死亡。所以在饮食中，选用含钙高的食品，适当补充钙质，对老年人具有特别意义。

日常补钙食品主要有以下几类：

（1）乳类及乳制品。

（2）豆类及豆制品。大豆及豆制品是理想的食物钙来源，豆腐在制作过程中加入的钙盐就更为符合老年人的需要。

（3）芹菜、山楂、香菜等含钙量也较高，应经常食用。

（4）中药珍珠粉含有大量的钙质和人体必需的微量元素，所含的氨基酸有 17 种之多。它既是老年人值得常服的补钙良药，又是健美珍品。

（5）动物骨头里 80% 以上都是钙，将其敲碎后用文火慢煮，去掉浮油，可将其汤汁作为每天钙质营养的补充。

三、中老年人的饮食要点之“四少”

1. 少进食盐

人体需要盐分以维持体内渗透压的平衡，每天必不可少。然而每天摄入量太多会适得其反，中老年人摄入的食盐每天应不超过 5 克左右，过多不利。因为吸收的盐分越多，肾脏的负担越大。中老年人机体本身功能就已有所减退，过多的吸收盐分会增加血管的阻力，促使血压升高，所以少进食盐有利于防治高血压。

2. 少食荤腥

动物性脂肪过多是造成冠心病的重要因素，因为动物性脂肪来源于动物的油脂，其含胆固醇与饱和脂肪酸较多，会使血脂浓度增高。高血脂是造成动脉硬化的重要因素之一。我国营养学会建议膳

食脂肪供给量不宜超过总能量的30%，其中饱和、单不饱和、多不饱和脂肪酸的比例应为1∶1∶1。但如果完全不吃荤食，那也是片面的。因为动物性食品是人体蛋白质的良好来源，其分子结构与人体蛋白质极其相似，容易被人体消化、吸收利用。老年人可以少吃动物脂肪含量高的肉类食品，如肥肉、动物肝脏等，应多吃富含维生素的食品。还可以用含有大量有益于人体健康的不饱和脂肪酸的植物性油脂，如花生油、芝麻油等。

3. 少吃无磷鱼

无磷鱼营养丰富，又易于消化，故而深受中老年人的喜爱，成为饭桌上的常备菜，但是对于中老年人来说，应少吃无磷鱼。营养学检测发现，无磷鱼含有较高的胆固醇，例如，每100克鳝鱼含胆固醇215.6毫克，鱿鱼含胆固醇264毫克，乌贼含胆固醇275毫克，蟹黄含胆固醇466毫克。一般讲，每100克中含胆固醇200毫克以上者，医学上称为高胆固醇食物，所以这些无磷鱼都是这个范畴内的。由于不少中老年疾病如冠心病、动脉硬化、高脂血症等，均与摄入过多的脂肪和血液的胆固醇升高有关。因此老年人应慎吃高胆固醇食物，要尽量少吃无磷鱼。

4. 少量饮酒

中医认为“酒为百药之长，饮必适量”。少量饮酒可影响脂蛋白合成，改变二十碳烷酸代谢，减少血栓素，降低血小板黏附性，刺激组织纤维蛋白溶酶原的活性，防止血凝块的形成，对动脉粥样硬化有保护作用。果酒中含有抗氧化很强的多酚类物质，可软化血管，预防和对抗动脉硬化，并能使高密度脂蛋白水平升高。但酒的成分主要是酒精，酒精是仅次于烟草的第二杀手，过量饮酒会对人体肝脏、心脏、肾脏以及神经、血液、生殖系统造成不可逆性损害。一次酒精中毒相当于一次轻型肝炎；酗酒者平均折寿 6 年。

每个人的饮酒耐受量不同，影响饮酒耐受量的因素有遗传、情绪、年龄，世界卫生组织（WHO）推荐的安全饮酒量为平均每周男性不超过 21 个标准杯，女性每周不超过 14 个标准杯（每个标准杯相当于 10 克纯酒精）。美国农业部规定：男性每天饮酒量不超过 2 个标准饮酒单位，女性不超过 1 个标准饮酒单位（一个标准饮酒单位相当于 340 毫升啤酒、141 毫升葡萄酒或 42.5 毫升白酒，即 12 克纯酒精）。卫生部健康教育首席专家殷大奎教授推荐国人饮酒的剂量：每天纯酒精不超过 20 克。即白酒每天 2 两，葡萄酒每天 250 毫升，啤酒每天 750 ~ 1000 毫升。

四、抗衰老饮食与养生保健

养生离不开各种天然保健食物。衰老自由基学说认为，衰老过程中的退行性变化是由于细胞在代谢过程中产生的自由基造成的，该学说已被全世界公认。通过增强体内抗氧化物质的活性，则可减弱或清除自由基反应的影响，从而达到抗衰老的目的。近年来，国内外报道的能抗自由基、延缓衰老过程的食物主要有：

（1）大蒜。其具有提高体内抗氧化酶的活性、降低血浆脂质过氧化物含量的作用。

（2）酸枣。其不仅含有微量元素，更含有大量的维生素，能降低血清脂质过氧化物。

（3）牛初乳。其对提高氧化物歧化酶活性、降低脂质过氧化物有一定作用。

（4）核桃、阿胶。其具有较高的抗氧化活性。

（5）枸杞、山楂、蜂蜜。其抗氧化性仅次于核桃。

（6）胡萝卜、香菇、大枣、海带、大豆、芝麻、绞股蓝。其亦有抗氧化活性。

（7）荞麦面、豆粉混合粉。其能提高过氧化歧化酶、谷胱甘肽过氧化物酶活性，降低血浆脂质过氧化物的含量。

（8）黄豆、番茄，是天然抗氧化剂，可清除体内自由基。

（9）石斛。石斛被誉为“九大仙草”之首，具有独特的药用价值，具有养肝护胃、滋阴养颜等作用，其主要药用有效成分为石斛多糖，该成分有显著的免疫增强活性和抗癌活性。李时珍在《本草纲目》中评价铁皮石斛：强阴益精，久服，厚肠胃，补内绝不足，平胃气，长肌肉，逐皮肤邪热痱气，脚膝疼冷痹弱，定智除惊，轻身延年。益气除热，健阳，逐皮肤风痹，骨中久冷，补肾益力。

（10）三七。三七能够延缓衰老、提高身体免疫力、促进身体发育、抗疲劳、提高记忆力、改善睡眠。其主要药用成分三七总皂苷可抑制血小板凝集，具有止血、抗血小板聚集及溶栓、溶血、造血等作用。三七提取物对心血管系统具有抗心律失常、抗动脉粥样硬化、耐缺氧及抗休克、改善脑缺血等作用；对神经系统具有中枢神经抑制、镇痛等作用；可增强免疫功能，保护肝功能，抗肿瘤，延缓衰老，降血糖，调节物质代谢，促进生长；毒性较低，长期用药基本无不良反应。

（11）黄芪。黄芪具有增强免疫功能、改善记忆力、增强机体耐缺氧及应激能力、促进机体新陈代谢、改善心功能、调节血压、调节血糖、补中益气等作用，服用之后不仅能够治疗身体气虚的情况，同时还具有预防感冒以及美容养颜等功效，但多吃会迅速出现“上火”症状。

（12）人参、西洋参等。人参与西洋参同属五加科人参属而不同种的植物，其功效存在差别。

人参具有大补元气、补脾益肺、生津安神等功效；增强人体的免疫功能和对病毒的抵抗力；具有强心、抗休克、抗心肌缺血、扩张血管、调节血压等作用；可促进脑细胞发育，保护神经细胞，增加脑部供血、供氧，改善能量代谢，延缓人体衰老等作用。但属于热性，如果体质寒就可以适当的喝人参汤，体热的人要选择西洋参。

西洋参（产自美国者又名花旗参）属于凉性，入心、肺、肾三经，能补气养阴，清热生津。适用于肺虚久咳、咽干口渴、虚热烦倦、失血等症。

其他参有的与人参有相似之处，有的则根本不同。如党参功能是治一切虚弱，补五脏之气，理亏损萎症，安精神，止惊悸；太子参有与人参类似的补气作用，但较弱；丹参的功能则以活血化瘀为主；玄参清热益阴；沙参益阴生津。

由此可见，滋补品种类繁多，中老年在进补时，需要在中医的指导下选用，才能达到保健的目的。

以上食物，均能提高人体抗氧化能力、降低体内自由基的积蓄，有利于减缓衰老。为了延长健康寿命，中老年人应该彻底改变各种不良饮食习惯，自觉养成良好的饮食规律，以保证身体的健康。

五、维生素、微量元素与营养均衡

1. 维生素是人体代谢中必不可少的有机化合物

人体犹如一座极为复杂的化工厂，不断地进行着各种生化反

应，其反应与酶的催化作用有密切关系。酶要产生活性，必须有辅酶参加。已知许多维生素是酶的辅酶或者是辅酶的组成分子。因此，维生素是维持和调节机体正常代谢的重要物质。可以认为，最好的维生素是以“生物活性物质”的形式存在于人体组织中。

食物中维生素的含量较少，人体的需要量也不多，但却是绝不可少的物质。膳食中如缺乏维生素，就会引起人体代谢紊乱，以致发生维生素缺乏症。如缺乏维生素 A 会出现夜盲症、干眼病和皮肤干燥；缺乏维生素 D 可患佝偻病；缺乏维生素 B_1 可得脚气病；缺乏维生素 B_2 可患唇炎、口角炎、舌炎和阴囊炎；缺乏维生素 P 可患癞皮病；缺乏维生素 B_{12} 可患恶性贫血；缺乏维生素 C 可患坏血病。

维生素是个庞大的家族，就目前所知的维生素就有几十种，大致可分为水溶性和脂溶性两大类。有些物质在化学结构上类似于某种维生素，经过简单的代谢反应即可转变成维生素，此类物质称为维生素原，例如，β– 胡萝卜素能转变为维生素 A；7– 脱氢胆固醇可转变为维生素 D3。但要经许多复杂代谢反应才成为尼克酸的色氨酸则不能称为维生素原。由于水溶性维生素易溶于水而不易溶于非极性有机溶剂，因此水溶性维生素从肠道吸收后，通过循环进入机体需要的组织中，多余的部分大多由尿排出，在体内储存甚少。脂溶性维生素易溶于非极性有机溶剂，而不易溶于水，可随脂肪为人体吸收并在体内储积，排泄率不高。脂溶性维生素大部分由胆盐帮助吸收，循淋巴系统到体内各器官。体内可储存大量脂溶性维生素。维生素 A 和维生素 D 主要储存于肝脏，维生素 E 主要储存于体内脂肪组织，维生素 K 储存较少。

2. 维生素的特点

维生素的定义中要求维生素满足四个特点才可以称之为必需维

生素：

第一，外源性。人体自身不可合成（维生素 D 人体可以少量合成，但是由于较重要，仍被作为必需维生素），需要通过食物补充；

第二，微量性。人体所需量很少，但是可以发挥巨大作用；

第三，调节性。维生素必须能够调节人体新陈代谢或能量转变；

第四，特异性。缺乏了某种维生素后，人将呈现特有的病态。

根据这四个特点，人体一共需要 13 种维生素，也就是通常所说的 13 种必需维生素。在这里主要介绍维生素 B、维生素 C 与维生素 E。

（1）维生素 B。维生素的发现是 20 世纪的伟大发现之一。1897 年，C. 艾克曼在爪哇发现只吃精磨的白米即可患脚气病，未经碾磨的糙米能治疗这种病，并发现可治脚气病的物质能用水或酒精提取，当时称这种物质为"水溶性 B"。1906 年，证明食物中含有除蛋白质、脂类、碳水化合物、矿物质和水以外的"辅助因素"，其量很小，但为动物生长所必需。1911 年，C. 丰克鉴定出在糙米中能对抗脚气病的物质是胺类，它是维持生命所必需的，命名为"Vitamine"。即 Vital（生命的）amine（胺），中文意思为"生命胺"。以后陆续发现许多维生素，它们的化学性质不同，生理功能不同；也发现许多维生素根本不含胺，不含氮，但丰克的命名延续使用下来了，只是将最后字母"e"去掉。

最初发现的维生素 B，后来证实为维生素 B 复合体，经提纯分离发现，是几种物质，只是性质和在食品中的分布类似，且多数为辅酶。有的供给量需彼此平衡，如维生素 B_1、维生素 B_2 和维生素 P，否则会影响生理作用。维生素 B 复合体包括：泛酸、烟酸、生

物素、叶酸、维生素 B_1（硫胺素）、维生素 B_2（核黄素）、吡哆醇（维生素 B_6）和氰钴胺（维生素 B_{12}）。也有人将胆碱、肌醇、对氨基苯酸（对氨基苯甲酸）、肉毒碱、硫辛酸包括在维生素 B 复合体内。

（2）维生素 C。维生素 C 又叫 L– 抗坏血酸，是一种水溶性维生素，能够治疗坏血病，并且具有酸性，所以称作抗坏血酸。在柠檬汁、绿色植物及番茄中含量很高。抗坏血酸是单斜片晶或针晶，容易被氧化而生成脱氢坏血酸，而脱氢坏血酸仍具有维生素 C 的作用。在碱性溶液中，脱氢坏血酸分子中的内酯环容易被水解成二酮古洛糖酸。这种化合物在动物体内不能变成内酯型结构。在人体内最后生成草酸或与硫酸结合生成硫酸酯，从尿中排出。因此，二酮古洛糖酸不再具有生理活性。

1907 年，挪威化学家霍尔斯特在柠檬汁中发现维生素 C，1934 年才获得纯品，现已可人工合成。维生素 C 是最不稳定的一种维生素，由于它容易被氧化，在食物贮藏或烹调过程中，甚至切碎新鲜蔬菜时维生素 C 都能被破坏。微量的铜、铁离子可加快维生素 C 被破坏的速度。因此，只有新鲜的蔬菜、水果或生拌菜才是维生素 C 的丰富来源。维生素 C 是无色晶体，熔点 190 ~ 192℃，易溶于水，水溶液呈酸性，化学性质较活泼，遇热、碱和重金属离子容易分解，所以炒菜不可用铜锅和加热过久。

人体不能合成维生素 C，故必须从食物中摄取，如果缺乏维生素 C，则会发生坏血病。这是由于细胞间质生成障碍，而出现出血、牙齿松动、伤口不易愈合、易骨折等症状。由于维生素 C 在人体内的半衰期较长（大约 16 天），所以食用不含维生素 C 的食物 3 ~ 4 个月后才会出现坏血病。因为维生素 C 易被氧化，故一般认为其天然作用与此特性有关。维生素C与胶原的正常合成、体内酪氨酸代谢及铁的吸收有直接关系。多吃水果、蔬菜能满足人体对维生素C的需要。

每天的需求量：成人每天需摄入50 ~ 100毫克。即半个番石榴，75克辣椒，90克花茎甘蓝，2个猕猴桃，150克草莓，1个柚子，125克茴香，150克菜花或200毫升橙汁。

功效：维生素C能够捕获自由基，预防像感冒、动脉硬化、风湿等疾病。此外，它还能增强免疫力，提高脑力，有利于皮肤、牙龈和神经。也有报道称，服大剂量维生素C对抗癌有一定作用。

副作用：据国内外研究，随着维生素C的用量日趋增大，产生的不良反应也越来越多。美国新发表的研究报告指出，体内有大量维生素C循环，不利伤口愈合。每天摄入的维生素C超过1000毫克会导致腹泻、泌尿系统结石及不育症。长期大量口服维生素C，会发生恶心、呕吐等现象。

2. 维生素E

维生素E又名生育酚，是一种脂溶性维生素，1922年，由美国化学家伊万斯在麦芽油中发现并提取，20世纪40年代已能人工合成。1960年我国已能大量生产。它是无臭、无味液体，不溶于水，易溶于醚等有机溶剂中。它的化学性质较稳定，能耐热、酸和碱，但易被紫外线破坏。维生素E是人体内优良的抗氧化剂，广泛存在于肉类、蔬菜、植物油中，在麦芽油中含量最丰富。天然存在的维生素E有8种，均为苯并二氢吡喃的衍生物，根据其化学结构可分为生育酚及生育三烯酚两类，每类又可根据甲基的数目和位置不同，分为α、β、γ和δ四种。商品维生素E以α生育酚生理活性最高。β-生育酚及γ-生育酚和α-三烯生育酚的生理活性仅为

α– 生育酚的 40%、8% 和 20%。维生素 E 为微带黏性的淡黄色油状物，在无氧条件下较为稳定，甚至加热至 200℃以上也不会被破坏。但在空气中维生素 E 极易被氧化，颜色变深。维生素 E 易于氧化，故能保护其他易被氧化的物质（如维生素 A 及不饱和脂肪酸等）不被破坏。食物中维生素 E 主要在动物体内小肠上部吸收，在血液中主要由 β– 脂蛋白携带，运输至各组织。同位素示踪实验表明，α– 生育酚在组织中能氧化成 α– 生育醌。后者再还原为 α– 生育氢醌后，可在肝脏中与葡萄糖醛酸结合，随胆汁入肠排出。其他维生素 E 的代谢与 α– 生育酚类似。

维生素 E 对动物生育是必需的。缺乏维生素 E 时，雄鼠睾丸退化，不能形成正常的精子；雌鼠胚胎及胎盘萎缩而被吸收，会引起流产。动物缺乏维生素 E 也可能发生肌肉萎缩、神经麻木症、贫血、脑软化及其他神经退化性病变。如果还伴有蛋白质不足时，会引起急性肝硬化。虽然这些病变的代谢机制尚未完全阐明，但是维生素 E 的各种功能可能都与其抗氧化作用有关。维生素 E 在临床上试用范围较广泛，并发现对某些病变有一定的预防作用，如贫血、动脉粥样硬化、肌营养不良症、脑水肿、男性或女性不育症、先兆流产等，近年来又有研究用维生素 E 预防衰老。

功效：维生素 E 能抵抗自由基的侵害，预防心肌梗死。此外，它促进男性产生有活力的精子。维生素 E 是强抗氧化剂，维生素 E 供应不足会引起各种智能障碍或情绪障碍。维生素 E 还是一种很重要的血管扩张剂和抗凝血剂；预防与治疗静脉曲张；防止血液的凝固，减少斑纹组织的产生。小麦胚芽、橄榄油，棉籽油、大豆油、芝麻油、玉米油、豌豆、红薯、禽蛋、花生、杏仁、核桃等含维生素 E 较丰富。

副作用：每天摄入维生素 E 过量时就会出现恶心、眩晕、头痛、乏力、伤口愈合延缓等症状，甚至可使高血压、心绞痛、糖尿病等疾病病情加重。由此可见，维生素 E 虽是生命延续必需的营养素之一，但长期服用仍需要在医生指导下进行，将不良反应降到最低的程度。

因此，新观点认为，经皮吸收维生素是一个很好的方式，这方面国内外已有很多研究，其中最为成功的是将维生素 E、维生素 C 酯做成纳米微胶囊，这样可以防止维生素 E 和维生素 C 酯被氧化，其中，维生素 C 酯经皮吸收后，在体内水解成完好的维生素 C。维生素经皮吸收安全，同时提高皮肤的弹性和细腻感，起到美肤作用。

3. 适量补充钙、锌、硒等微量元素

《美国人饮食指南》（*Dietary Guidelines for Americans*）建议食物种类多样化，多吃蔬菜、水果、谷物以及豆制品，每日摄取的食物在 30 种以上，其目的是保持营养均衡，满足人体对多种微量元素的需求。

人体是由多种元素构成的，根据元素在体内含量不同，科学家们可将体内元素分为常量元素和微量元素两大类。常量元素占体重的 99.9%，包括碳、氢、氧、氮、磷、硫、钙、镁、钠、钾、氯等，它们构成机体组织，并在体内起电解质作用；微量元素在体内含量微乎其微，如铁、铜、锌、钴、锰、铬、硒、锗、碘、镍、氟、钼、钒、锡、硅、锶、硼、铷、砷等。微量元素在人体内的含量在万分之一以下，大多数微量元素的功能是作为酶的辅因子或辅基的成分。微量元素虽然在人体内的含量不多，但是对人的生命起至关重要的作用。如果某种元素在人体中供给不足，就会不同程度地引

起人体生理的异常或发生疾病；如果某种微量元素摄入过多，也可发生中毒，故微量元素又称痕量营养元素，即生物营养所必需，但每日只需痕量的无机元素。

几种重要元素在人体中的生理功能：

钙　是构成骨骼及牙齿的主要成分。钙对神经系统也有很大的影响，当血液中钙的含量减少时，神经兴奋性增高，会发生肌肉抽搐。缺钙容易发生过敏反应，容易掉发等。

磷　是身体中酶、细胞核蛋白质、脑磷脂和骨骼的重要成分。

铁　是制造血红蛋白及其他含铁质物质不可缺少的元素，缺铁可引起缺铁性贫血。但铁元素过量会造成儿童发育迟缓，以及肝肿大、肝硬化、心肌损害。

铜　是多种酶的主要原料，缺乏铜会使头发变白。但铜元素过量易导致肝脏损害，引起慢性肝炎、小脑失常、肾损害等。

镁　可以促进磷酸酶的功能，有益骨骼的构成；还能维持神经的兴奋，缺乏时有抽搐现象发生。

氟　可预防龋齿和老年性骨质疏松。但氟元素摄入过多易导致关节变形、腰腿痛，可损害牙釉质，形成氟斑牙。

锌　是很多金属酶的组成成分或酶的激动剂，儿童缺乏时可出现味觉减退、胃纳不佳、厌食和皮炎，并且生长速度减慢。但锌元素过多易发生肠胃炎和锌中毒，从而出现呕吐、电解质紊乱、恶心、失眠、肌群失调等。

硒　心力衰竭、克山病、神经系统功能紊乱与缺硒有关。

碘　缺乏时，可有甲状腺肿大、智力低下、身体及性器官发育停止等症状，但摄取碘过多会导致甲状腺肿大。

锰　成人体内含量为 12 ~ 20 毫克。缺乏时可出现糖耐量下降、脑功能下降、中耳失衡等症状。但锰摄入过多，会发生重金属中毒，严重损害健康。

微量元素摄入量不足，会发生某种元素缺乏症，但摄入量过多，也会发生微量元素积聚而出现急、慢性中毒，甚至成为潜在的致癌物质。例如，铜、锌、钴、锰、铬、钼、钒、锡、镍都是重金属元素，摄入这些元素过多，就会发生重金属中毒，引起相应的病变，甚至引发癌变，对人体健康非常有害。

人体对微量元素的需要是有限度的，若超量则有害无益。是否缺少微量元素，缺少哪一种，必须经医生严格检测，并在医生指导下才能补充。

第二节　健康长寿与运动

先哲们认为，静以养心，动以养身。现代运动学研究认为，运动与长寿息息相关，运动是生命存在的特征。中老年人的健身，可以通过适量的体育运动使机体的形态和机能产生一系列适应性变化，这些变化对机体的影响具有双向效应，即有可能增强体质，也可能危害健康。所以只有科学地锻炼，才能提高身体免疫机能，改善神经系统的均衡性和灵活性，增强心肺功能，提高免疫力。因此，经常参加锻炼是健康生活方式的重要方面，对于中老年人保健来讲，坚持科学的、适宜的体育锻炼是健康长寿、增强体质的最佳选择。

健身运动原则：因人而异、因地而异、因时而异、因病而异、循序渐进、持之以恒、量力而行、适可而止。

一、掌握正确的健康体育理论知识

一些中老年人会盲目的相信外界流传的过激运动，往往一发而不可收拾，所以正确的认识健康体育理论知识是很有必要的。中老年人一方面可以通过收音机、电视、互联网等媒体获得有关健康体育锻炼的知识；另一方面还可以适当地阅览一些有关健康体育方面的书籍，例如《运动生理学》《运动营养学》《体育保健学》《体育心理学》等，掌握正确的健康体育锻炼的理论知识，并运用这些知识科学地进行健康体育锻炼。

二、中老年人健身的措施与方法

1. 健身锻炼时间的选择

中老年人不宜日出之前参加体育锻炼活动，原因如下：

早晨 5 ~ 7 点期间是人一天节律中的低谷相位时期，在这个时间段里身体各项机能均处于较低水平，没有被充分激活，且血压为全天最高。此时进行体育锻炼难以达到理想效果，且容易受伤。

首先，经过一夜的睡眠，人基本没有进水，血液黏度相对较高，血流速度缓慢，运动时会产生供血相对困难的现象。因此，高血压、脑溢血患者的发病率往往早晨高于白天。

其次，日出之前空气是一天当中最污浊的，因为在夜晚植物不能进行光合作用，二氧化碳浓度高于日出之后，密集的树林里更是如此。

再次，早晨空腹运动容易导致低血糖（糖尿病患者更应注意），出现晕厥。

最后，早晨空腹运动以脂肪供能为主，产生的脂肪酸代谢产物对心肌有普遍影响，对心脏病患者影响更大。

中老年人健身锻炼的最佳时间：一天当中空气质量最好的时间是阳光灿烂的时候，所以，老年人进行体育活动的最佳时间是上午9 ~ 10点及下午4 ~ 6点。

2. 健身锻炼方式的选择

人体进入中老年期，各器官机能开始衰退，运动系统属衰退较早的系统。根据中老年人的生理解剖学特点，老年人适宜于有氧代谢运动。

最简单的如散步、健身跑、游泳、骑自行车、登山、跳老年迪斯科，可每周进行三次。有条件时还可以打网球、门球、高尔夫球等。在传统项目中，可选择气功、太极拳、太极剑等。

不同的体质需根据自身情况选择力所能及的运动，只有选择适合自身特点的运动项目，才能达到增强体质、祛病强身的目的。运动项目的选择要因人而异：

（1）身体肥胖的中老年人常伴有高血压、冠心病、脑血栓等疾病，可选择强度小的项目，如散步、徒手操、太极拳等。

（2）呼吸系统疾病患者，应避免静止的肌肉运动，如举重、拔河等，宜采用扩胸法增强心肺功能活力，增加肺活量。

（3）消化系统疾病患者，应加强腹肌锻炼，如仰卧起坐，避免震动性太大的项目。

（4）贫血者，宜选择散步、做操、打太极拳、慢跑等。

在健身锻炼时，需保持心情舒畅，不能视锻炼为负担而强制进行，应自觉主动、积极愉快地参加锻炼。这样才能达到改善心理状态、调节情绪、陶冶情操、丰富生活等效果。同时，还可将生活中

的活动内容包括进来，如进行园艺劳动、干家务、与儿童玩耍、跳交际舞和爬楼梯等。

3. 运动强度和运动量要视年龄和体质程度而定

运动强度是影响锻炼效果的主要因素，而不同年龄段和不同体质的中老年人所需要的运动强度和运动量也是有所差异的。人步行1000米和以较快速度跑完1000米所消耗的体能是基本相同的，因为是相同的体重移动，相同的距离，但两者对人身体的刺激程度大不相同，原因是运动的强度不同。后者属于高强度运动，对机体各个关节的冲击较大，易产生骨折，损害健康，而太小的运动强度达不到健身效果，所以在健身运动中运动强度一定要适量、适度。

（1）适量。就是选择的运动项目其运动负荷不超过人体的承受能力。对于中青年人来说，是运动时的心率等于220减去年龄，而对于中老年人来言，其运动量要求更严格：60岁以下者，心率为180减去年龄；60岁以上者，心率为170减去年龄，在这个运动量范围内是安全的，若运动量偏大，应及时调整。

人身上主要参与运动的肌肉达400多块，要想这些肌肉都得到收缩和舒张，必须使每次运动时间保持在20分钟以上。

（2）适度。是指运动有一个限度，一般要求做到“三五七”：“三”是指每次行走3公里，时间把握在30分钟以内；“五”指每周运动不少于5次，只有规律的健身运动才有效；“七”是指运动适量，运动时心率与年龄之和等于170为佳。

4. 运动后的放松是对健身效果的保证

运动后的放松是必要的，也是运动的延续，它能使人从运动到停止运动之间有一个缓冲、整理的过程，有利于促进恢复和防止肌肉延迟性酸痛，消除运动中产生的疲劳物质，升高的血压逐渐降至平常。其方式可以是慢跑、全身抖动、运动肌肉的反向牵拉、按摩、拍打等，时间以10分钟左右为宜。

5. 运动应注意的问题

（1）运动前排尿、排便。不要空腹锻炼。

（2）运动前要做好准备活动。使身体和器官系统机能迅速地进入工作状态，预防损伤。一般达到微微出汗，身体各大肌肉群和韧带、关节都得到适量的活动，感到灵活、舒适即可。

（3）运动后要做整理活动。运动结束时，应做些身体放松的活动，这样可使人体更好地从紧张的运动状态，逐渐过渡到相对的安静状态。整理活动是促进体力恢复的一种有效措施。

（4）饭后不宜马上运动，休息1小时左右再开始运动，否则容易引起消化不良和腹痛。

（5）随时补充水分。运动时饮水应以少量、多次为原则，不宜一次性大量饮水，否则容易增加心脏、肾脏的负担，有碍健康。

（6）运动时要穿轻便、舒适、吸汗的衣服，要勤换洗运动衣裤，尤其是内衣裤，以免汗液和细菌污染肌体健康。鞋子应当轻便、尺寸合适、富有弹性，具有良好的透气性，防滑。袜子吸汗性强，柔软干净，棉制品较好。

（7）冬季由于体温下降，应该注意保护体温。夏季气温高，应该选阴凉通风的地方（但不要在有穿堂风的地方），避免在烈日下长时间锻炼，若在室外，宜戴白色太阳帽。

（8）身体不适时，不要勉强。

（9）远离空气污染和噪声污染。

（10）劳逸结合，不宜超负荷、超强度运动。

运动要持之以恒。卫生部健康教育首席专家、中国医师协会会

长殷大奎教授说：运动使人快乐，运动可改善情绪，每周3～4次有规律的运动，可以降低70%由疾病引起的死亡。腾不出时间健身的人，会被迫腾出时间生病。并给出健康钥匙：管住嘴，迈开腿；感恩心，善待人；不抽烟，少喝酒，

第三节　良好的心态与习惯

现代社会是一个信息变化多、工作节奏快、竞争激烈的社会。生活在现代社会中的人要承受较大的心理压力，而长期的心理压力会对身体健康产生负面影响，心理上的压抑、愤怒、紧张、忧郁都会破坏人体免疫力，导致高血压、冠心病、慢性肝病、肿瘤的发生，加速人体的衰老。应调整好自己的心态，避免心情的大起大落。

一、康乐人生，益寿延年

怎样才能健康长寿？其基本条件是拥有一个健康的身体和一颗快乐的平常心。如果说健康是“1”，财富、地位、荣誉都是跟在健康这个“1”后面的零，有了健康的“1”，后面的零才有意义。淡泊名利，宁静致远，有了一个快乐的心态，才能健康长寿。请每天微笑着告诉自己：“我快乐！我健康！我长寿！”

一个人心理状态的好坏直接影响身体的健康，不能随便生气，气滞则血瘀。人进入中老年切忌过喜和暴怒，在心态中要彻底悟透

一个“淡”字。活在淡中，乐在淡中，淡忘了年龄，淡忘了生死，淡忘了疾病，淡忘了名利，以淡养身，寿也就在淡中化生。有些中老年人易于激动，不懂以淡养生，以致在狂喜暴怒中暴卒。要想悟透一个“淡”字，首先要遵循与世无争的准则，应时刻想到，名利、钱财均属身外之物，生带不来，死带不去；应时刻想到，为人处事，和为贵、忍为高。

英国作家萨克雷说过：“生活是一面镜子，你对他笑，他就对你笑，你对他哭，他就对你哭。”怀着一颗感恩的心，善对他人；保持良好心态，善于解放自己；遇到事情，换位思考；多包容，少积怨；笑一笑，十年少；生气是拿别人的过错惩罚自己。这些都是是自我减压之“良药”，对保持心理平衡非常重要。

92岁的陈正文老人说过：“要想长寿，要做到泰山崩于前而不惊，遇事乐观，保持一个宽阔平静豁达的心态。”为了减轻心理压力，不被生活琐事所缠身，不被层出不穷的各种信息所迷惑。个人必须保持坚定不移的内心宗旨，同时又必须具有高度的心理灵活性和应变性，能接受新事物而又有所出新，能平静地面对成功和失败，情绪上不大喜大悲。平衡的心情既不欣喜过旺又不悲伤至极，波动起伏小对健康最有益。

乐观与平和的心态是健康长寿的一剂良药。一个人心理平衡，情绪良好，心理健康就有了保证；心理健康，人体免疫力增加，身体健康自然也就有了可靠的保障。

二、静心的健身方式

人体的一切生理活动都有一定的周期性规律，这进一步证明人

体内确有一个“生物钟”在自动控制着这些生理活动，如果我们的生活作息制度能和体内的“生物钟”指挥尽量合拍，我们的身体就会保持健康的状态。身心放松的健身方式有利于养生，例如，按摩和蹲马步等健身方法能够疏通经络、调和气血、促进新陈代谢、养生健身，对放松心情有极好的效果。

1. 晚睡前按摩

不同部位的按摩所产生的身心放松和健身效果不同，现在较为广泛的周身按摩有腹部、头部、腿部、脚底等，按摩能够刺激体内的某些穴位，达到保健的目的。

（1）洗脚后按摩双脚涌泉穴（脚心）。先用右手按摩左脚心 90 次，再用左手按摩右脚心 90 次，以双脚心发热为度。

（2）按摩双腿，用双手环扣左腿，从脚踝部向上推摩至腿根部，再向下推摩至踝部，往返为一次，推摩 36 次，这一推摩旨在疏通足三阳、足三阴六经，按完左腿再按右腿。

（3）按摩后腰，用双手推摩后腰 60 ~ 90 次，以局部发热为度。

（4）推摩双臂，先用右手推摩左臂，从手背推摩至肩，再从手心推摩至腋下，各 36 次，这一推摩旨在疏通手三阳、手三阴六经，推摩完左臂，用同法推摩右臂。

（5）按摩胸部，平卧，用双手横向推摩胸部 36 次，再纵向推摩胸部 36 次。

（6）最后揉腹，用右手顺时针方向揉摩腹部 60 ~ 90 次，再用左手逆时针方向揉摩腹部 60 ~ 90 次。

2. 晨醒按摩

早晨不要急于起床，做些简单按摩可以养生健体，并可以防止

"起晕"。

（1）首先揉面，双手摩擦生热后，轻揉面部36次。

（2）点四穴，用双中指点按睛明穴36次，用双中指点揉太阳穴36次，用双手食、中、无名指从双侧揉摩风府、风池穴各36次。

（3）按摩胸部、揉腹、推摩双臂、按摩后腰、推摩双腿、按摩涌泉，照前述方法。

按摩之后，缓慢起床。如果早晨时间紧张，或本人体力较差，可以减少按摩次数。

3. 常蹲马步，凝神静气

蹲马步是一个既健身又静心的养生方式。每隔1小时坐1分钟"看不见的椅子"——蹲马步。马步主要是为了调节"精、气、神"，在蹲马步的时候，要求凝神静气，意守丹田，呼吸自然，蹲得深、平、稳，以锻炼喉、胸、肾等器官，并使腹部、腿部肌肉绷紧，以达到全身性锻炼的目的。

三、良好的生活习惯有益于健康长寿

颈椎是身体上半部分最重要的部位，连接着大脑和全身，需要科学的枕头保护。脊柱是整个身体的支柱，腰椎是脊柱的下段，并承担着上身的重量。现代人都喜欢睡席梦思床，这种床太软，人躺上去会随重力下沉，腰椎这个全身的"中点"自然弯曲最严重，遭受的压力最大，短期不会有感觉，久而久之就发生腰椎间盘突出了，这也是一些年轻人患腰椎间盘突出这种老年病的原因。为了保护腰椎和脊柱的健康，应该抛弃梦思床、慢回弹等软床，使用EPE

材料架桥床垫等软硬适中的健康床垫。

“勿以善小而不为，勿以恶小而为之。”这句话从健康的角度来理解，就是说：保持健康要从点滴小事做起，养成良好的生活方式和个人卫生习惯，下决心戒除不良习惯。

知道一些保健知识当然必要，但光知道不行，还要结合自身特点，付诸行动。爱抽烟的人恐怕对抽烟的危害不会一无所知，贪吃的人想必对肥胖、糖尿病、高血压、冠心病、胃溃疡的病因也略知一二，但为什么会明知故犯呢？就是因为开始没养成好习惯，坏习惯乘虚而入，这时再来培养好习惯，就倍感艰难。

健康是一项长期投资，不是一朝一夕的速成，它的收益率要靠好的习惯来保障。万事开头难，刚开始培养好的习惯时，尤为痛苦，但一定要挺过开头关，坚持下去，让好的习惯成为日常生活的重要组成部分，到那时就会体会到其乐无穷的滋味，因为您拥有了最宝贵的财富——健康。

第二章　健康长寿与生存环境

健康长寿是各民族共同的追求，活到百岁是所有人永远的梦想。长寿是立身之本，健康是立国之基。我国“十三五”规划提出了健康中国新目标，人民健康是实现中华民族伟大复兴梦的坚实基础。目前，人们实现丰衣足食之后，对健康长寿的渴求显得越来越强烈，追求健康长寿成为所有人的新时尚。的确，拥有健康长寿才能拥有一切，有健康的身体才能挑起生活的重担，才能对社会有所贡献，才能享受高品质生活带来的幸福。

生存环境改变着我们的生活，影响着我们的健康。古希腊名医希波克拉底早在2500年前就说过：“阳光、空气、水和运动，是生命和健康的源泉。”在那个时代就认识到了生存环境与人类生命息息相关。健康长寿依赖于周围的生存环境，食物、空气、水和地磁场严重影响着人体的健康。中国长寿之乡广西巴马、湖北恩施、海南母瑞山等长寿福地的共同特点是环境清静，没有污染，没有电磁辐射，空气清新负氧离子高，区域的地磁场强度高，水和食物洁净，并且富含硒和锗微量营养元素。

中国广西巴马，人均寿命90岁以上，百岁老人比比皆是，是国际自然医学会公认的世界五大长寿村之一。调查发现，长寿村人健康长寿的原因，主要得益于当地较高的地球磁场强度、负离子和阳光远红外等生态能量因子。生活在这种环境中的人，精力旺盛、免疫力强，至今还未发现心脑血管和癌症病例。

长寿村的阳光好、空气好、水好，磁更好，人类赖以生存的四大要素都是最好的。可谓“天、地、人合一，人浑一于自然”（庄子）。

巴马位于北纬23.5度，恰好在北回归线上。换句话说，巴马处于热带和亚热带之间，而人类正是诞生于从赤道到北回归线之间的热带。从1973年考古发现的“巴马巨猿”牙齿化石推断，早在70万以前，我们的祖先类人猿就已经生活在巴马。因此，巴马自古便是生命的摇篮，适合动物和人类繁衍生息。

巴马属于亚热带季风气候区，年平均气温为20摄氏度，平均湿度近80%，非常有利于人体新陈代谢。据估计，人体代谢最适合的空气温度应该是在15 ~ 30摄氏度之间，空气湿度（*RH*）应该是在40%以上。而在一年的大部分时间里，巴马的温度和湿度就在这个范围。巴马有充足的光照，而阳光中红外线较多，特别是波长为4 ~ 14微米的远红外线。

第一节 远红外——人类生命之光

“万物生长靠太阳”是民间的一句谚语。人在阳光下活动，心情就会愉悦，当然暴晒例外。有一种病称为“冬季抑郁症”，就是由于冬季阳光不足而引发的毛病。在紫外线的作用下，人体的皮肤便会合成活性维生素D，而这种维生素D是人体吸收钙质所必需的前提。如若缺少，钙便不能吸收，钙对人体有许多重要的功能，最简明的例子便是其对人体骨骼的生长发育和新陈代谢的影响。儿童缺钙，会导致佝偻病，不但个子长不高，甚至还影响智力的发育；成人缺钙则易骨质疏松，腰椎病、颈椎病多因此而来。因缺钙而导致的骨质疏松，常使老年人一旦摔倒便容易骨折。所以，健康离不开阳光，多些户外活动有益健康。

阳光中有较多的红外线，特别是波长为4 ~ 14微米的远红外线。这段波长的远红外线被称之为“生命之光”，因为它可能会与人体本身发出的远红外线（波长为9 ~ 10微米）发生共振，激发体内水分子的运动。可以提升体温，扩张血管，增加氧气供应，促进酶的形成和活性，从而改善血液和淋巴循环，促进毒素排出，增加细胞活性，焕发身体活力。

一、远红外线的概念

太阳光线大致可分为可见光和不可见光。可见光经三棱镜后会折射出紫、蓝、青、绿、黄、橙、红颜色的光线（光谱）。红光外侧的光线，在光谱中波长自0.76 ~ 1000微米的一段被称为红外光，

又称红外线。

红外线是波长介于微波和可见光之间的电磁波，是一种具有强热作用的放射线。红外线的波长范围很宽，人们将不同波长范围的红外线分为近红外、中红外和远红外，称为近红外线、中红外线及远红外线，人们通常将位于 4 ~ 1000 微米之间的红外线称为远红外线。

二、远红外线奇妙功效的发现

远红外线的奇妙保健效果是在 20 世纪 70 年代初被人们发现的。当时的日本科学家小室俊夫偶然间发现，在烧陶瓷窑的作坊里工作的工人很少得病，有时候轻微感冒，用制陶瓷的泥抹在头上病就好了。小室俊夫感到很奇怪，就对这种泥土进行了专题研究，发现陶瓷中发射出了一种电磁波，这就是 8 ~ 15 微米的远红外线。正是这种远红外线促进了人体血液循环，增进了新陈代谢，增强了免疫功能，使人类身体健康。

其实，人类对远红外线的应用由来已久。例如，在海滨浴场，人们用砂子把腿埋上，用来治疗关节炎，砂子的主要成分是氧化硅，是一种较好的发射远红外线的材料；桑拿浴也是这个道理，洗完澡后人会觉得身体很舒服；再如糖炒栗子放砂子，就是利用砂子发射的远红外线使栗子更好吃；砂锅炖肉味美，是因为砂锅是几种金属氧化物的复合体，其远红外发射率在 78% 以上。

近些年来，医学领域也开始应用远红外线技术。人体每时每刻也都在发射远红外线，据测定，人体发射的远红线波长在 9.6 微米左右，而远红外线理疗暖机所产生的远红外线的波长为 8 ~ 14 微米，和人体表面峰值正相匹配，形成最佳吸收，并可转化为人体的内能，人们又称这一波长范围的远红外线为“生命之光”。在诊断中，红外热像仪可有效地诊断肿瘤、血管疾病等。利用远红外线的热效应可以治疗局部或全身性的疾病，也可以利用红外的非热效应来治疗疾病。远红外疗法属于物理疗法中“光疗”的一种，是非侵入疗法，不仅使用安全方便，没有不良反应，而且病人会感觉到温暖和舒适。此种疗法适宜各种慢性病，例如，缺血性疾病、风湿病、各种慢性炎症，并且在预防糖尿病并发症、预防感冒、抗衰老、消除疲劳、护肤美容、减肥降脂、增强活力等方面也具有明显效果。它不仅可治疗某些常见病、多发病，而且对某些疑难病症也有较好的疗效。现已发现远红外线可治疗 50 种以上的疾病。著名的周林频谱仪也是利用 8 ~ 15 微米的远红外线治疗疾病，数以万计的消费者使用后证明，它具有较好的治疗效果。

三、远红外线的主要特征

远红外线主要具有以下 3 个特征：

1. 具有放射性

远红外线与可见光一样，具有相同的活动状态，均具有放射性，可直接辐射给物体。

辐射是由于物体吸收热能或本身发热使分子或原子激发后，为了消除能量不均衡而使能量转移的一种过程。辐射以电磁波和粒子的形式向外放射。因此，当稳定状态的原子被加热或受到电磁照射时，就会因外界赋予的能量而产生电子的激发，此时电子由 i = k 轨道迁移到 i = L 轨道。而后电子由于趋向稳定状态，而从 i = L 轨道，

再迁移回到 $i = k$ 轨道，这期间便会释放出能量。而某些特定的物质就会以放射红外线的形式释放出能量来。

放射率是衡量物体吸热性能的一项重要指标，所谓放射率（通常以 ε 表示），是在同一条件下比较物质与黑体放射量之比值，而实际物质的放射率呈 $0 < \varepsilon < 1$ 的关系。ε 越接近 1，表示热能对电磁波之转换就越加以理想方式进行。黑体是作为完全吸收入射光能量的理想物体，能够将能量完全转换为电磁波（即无能量的损失）。放射率表达式如下：

$$\text{放射率}\ \varepsilon = \frac{\text{物质电磁波放射量}}{\text{黑体电磁波放射量}}$$

通常将黑体的放射率定为 1，其余物体的放射率是相对于黑体的比较值，其数值均小于 1；当某物体的放射率越大时，说明其吸热效果越好。辐射体的温度越高或其放射率越大，则放射能量也就越高。当远红外线放射到人体时，能活化人体内的生物大分子，从而促进血液循环和细胞新陈代谢，并能提高免疫能力。

2. 具有共振吸收性

物质内的原子和分子都各自具有特定的振动频率和回转周波数，各以其振动频率不断地微观运动。人体组织中的 O—H 和 C—H 键伸展，C—C、C═C、C═O、C═O 键及 C—H、O—H 键弯曲振动对应的谐振波长大部分在 3 ～ 6 微米波段。根据匹配吸收理论，当红外辐射的波长和被辐照物体的吸收波长相对应时，物体分子就会产生共振吸收。这样，远红外辐射（3 微米以上）恰与皮肤的吸收相匹配，形成最佳吸收。当供给电磁波物质的振动频率与被供给的物质的分子振动频率相一致时，则被供给的物质会吸收供给电磁波的能量，并将此能量转换成热能，以提高物质温度。研究证明，9 ~ 10 微米波段最易与人体产生共振。

由于远红外线与人体内细胞分子的振动频率接近，“生命光波”渗入体内之后，便会引起人体细胞的原子和分子的共振，透过共鸣吸收，分子之间摩擦生热形成热反应，使水分子活化，增强其分子间的结合力，从而活化蛋白质等生物大分子，使生物体细胞处于最高振动能级。由于生物细胞产生共振效应，可将远红外热能传递到人体皮下较深的部分，以使深层温度上升，产生的温热由内向外散发。这种作用强度，使毛细血管扩张，促进血液循环，强化各组织之间的新陈代谢，增加组织的再生能力，提高机体的免疫能力，调节精神的异常兴奋状态，从而起到医疗保健的作用。

3. 具有渗透性

红外线是在所有太阳光中最能深入皮肤和皮下组织的一种射线，而远红外线与可见光和近红外线不同的是，它具有十分强烈的渗透力，能够渗入人体皮下 4 ~ 5 毫米，使皮下组织升温，扩张微血管，促进血液循环，给予更深层的生物细胞活力。

综上所述，远红外线和可见光一样，具有相同的活动状态，即为“放射”，同时，又具有十分强烈的渗透力，因此能够深入皮下组织，从内部温暖身体，给生物细胞以“活力”。“活力”是人体十分难得的“活化能量”。此能量是电磁性能量，是对生命现象有主要影响的物质，这些物质的分子在远红外线的作用下，使人体细胞处于活化状态，换句话说，此时人体的一切机能皆处于活泼旺盛状态。这些都是远红外线特性同时相互作用的结果。

四、远红外线的保健功能

广西巴马的人长寿，和当地的高地磁场、空气清新、水和食物洁净、阳光灿烂有关。巴马地区日照时间长，空气无污染，使得阳光直射苍翠大地，阳光中的 4 ~ 14 微米波长的远红外线被誉为“生命之光”，它增强人体新陈代谢，改善微循环，提高人体免疫力。

据资料介绍，远红外线易被人体所吸收，人体吸收后，不仅使皮肤的表层产生热效应，而且还通过分子产生共振作用，从而引起皮肤深部组织的自身发热。这种作用的产生可刺激细胞活性，加快血液的微循环，提高机体免疫能力，起到一系列的医疗保健效果。

1. 改善微循环

微循环是指微动脉和微动脉之间的微血管流动，微循环的基本功能是实现血液和组织血细胞之间的物质交换，输送养料（营养物质和氧气），排出代谢物（包换代谢产物和二氧化碳）。微循环是人的“第二心脏”，微循环障碍是“百病之源”。如果能解决微循环障碍，对疾病的治疗和健康的恢复将起到决定性作用。微循环顺畅之后，心脏收缩压力减轻，氧气和养分供应充足，自然身轻体健。健康人的微循环良好。远红外线照射的全面性和深透性，对于遍布全身内外无以数计的微循环组织系统来说，是唯一能完全照顾的理疗方式。远红外线易渗透于人体皮肤深部，被吸收的远红外线转化为热能，引起皮温升高，刺激皮肤内热感受器，通过丘脑，及时使血管平滑肌松弛，血管扩张，血液循环加快。另外，由于热作用，引起血管活性物质的释放，血管张力降低，浅小动脉、浅毛细血管和浅静脉扩张，血液循环得以改善。

2. 增强细胞的活性

远红外线发射的光波可以通透人体皮下，渗入人体细胞组织中，与人体细胞中的分子、原子振动频率相同，并形成共振，活化细胞组织，加速血液循环，有效改善人体微循环。由于微循环的改善，细胞能得到充分的营养物质和氧，使处于活性降低的细胞恢复了它的正常机能，净化体内垃圾，从而达到缓解和治愈人体疾患的作用。

3. 增加红细胞的携氧力

当人体内部的微循环得以改善后，通过肺泡壁循环毛细血管的红细胞携氧量增加，可充足满足全身各个器官组织对氧的需求。与此同时，远红外的热效应使皮肤温度增加，交感神经功能减低，使血管活性物质释放，血管扩张，血流加快，血循环改善，提高细胞供氧量，改善病灶区的供血状态。

4. 增强抗氧化基，抗衰老

关于人体衰老的学说众多，其中氧自由基增加使细胞活性被破坏而导致衰老的学说即“自由基学说”是目前普遍公认的一个学说。而远红外和磁通过上述效应可使体内SOD（超氧化歧化酶）量增加，用以对抗氧自由基的氧化作用，消除它对细胞的破坏作用。例如，远红外治疗使肿瘤宿主清除自由基的能力增强，抑制肿瘤细胞的生长、繁殖。

5. 消炎消肿和镇痛

远红外的热效应使皮肤温度增加，使血管活性物质释放，血管扩张，血流加快，血液循环改善，增强组织营养，活跃组织代谢，提高细胞供氧量，改善病灶区的供血状态，加强细胞再生能力，控制炎症的发展并使其局限化，加速了病灶修复。远红外的热效应，

也改善了微循环，促进有毒物质的代谢，加速渗出物质的吸收，导致炎症水肿的消退。

远红外线能促进身体不同部位的血液循环，预防酸痛不适，消除疲劳。例如风湿性关节炎、前列腺炎、骨质增生、肩周炎、颈椎炎、腰痛、手脚麻痹等。

远红外的热效应，降低了神经末梢的兴奋性，改善了血液循环，消退了水肿，减轻了神经末梢的化学和机械刺激。同时远红外线渗透力强，可达肌肉关节深处，放松肌肉，缓和酸痛。以上种种原因，均起到缓解疼痛的作用。利用远红外纤维促进新陈代谢的功效，制成的各种护膝、护腕、护腰，解除了关节疼痛病人的烦恼。

6. 提高免疫力

免疫是人体的一种生理保护反应，它包括细胞免疫和体液免疫两种，对人体防御功能和抗感染能力有极其重要的作用。美国太空总署（NASA）研究报告指出：在红外线内，对人体有帮助的 4 ~ 14 微米的远红外线，能渗透人体内部 15 厘米，从内部发热，从体内作用促进微血管的扩张，使血液循环顺畅，达到新陈代谢的目的，进而增加身体的免疫力及疾病治愈率。经临床观察，远红外保健品的确能使吞噬细胞功能增强，加强人体的细胞免疫和体液免疫功能，提高机体对病原体的抵抗力，有利于人体健康。

7. 调节胃肠功能紊乱

通过远红外热效应，可以增加细胞的活力，调整神经和体液，加强新陈代谢，使体内外的物质交换处于平稳状态，解决胃肠功能紊乱带来的病痛，如便秘、腹泻和胃肠功能紊乱等。

8. 美容

远红外线照射人体，能将引起疲劳及老化的物质，如乳酸、游离脂肪酸、胆固醇、多余的皮下脂肪等，借由毛囊，不经肾脏，直接从皮肤代谢。因此，能使肌肤光滑柔嫩。与此同时，远红外线的理疗效果能使体内热能提高，细胞活化，从而促进脂肪组织代谢，燃烧分解，将多余脂肪消耗掉，进而有效减肥。

有关资料报道，如果每夜睡在远红外线的寝具上超过8小时，将会获得意想不到的保健效果。首先皮肤和毛发受益，皮肤微循环改善，细胞活性增强，面部皮肤会逐渐变得越来越细嫩、有光泽，皱纹消失、弹性增加、色素斑消退。也有秃发者生发、白发者变黑的病例。

总之，人类的健康离不开远红外线的作用，它是一种对人体有益的光，是生命之光，其生物效应是人类健康之友，它将给人类的保健事业开创新的一页。

第二节　负离子——人类健康的长寿素

所有长寿之乡都有一个清静的环境，空气中富含负氧离子。“非典”肆虐时期，预防“非典”传染的方法之一是“开窗通风”。风是什么？风是新鲜的流动空气，新鲜流动的空气才能有益健康。古代人民过着田园牧歌式的生活，自然不觉新鲜空气之重要，如今人们生活在高楼林立的大城市中，空气不清新，易于诱发呼吸道等多种疾病。为什么人们在某些地方感到心情愉快、呼吸畅快，而在有些地方却感到烦躁不安、呼吸不畅呢？这就是因为所处环境的空气新鲜度不同，清新的空气负氧离子含量高，使人感到神清气爽、

心情舒畅，浑浊的空气易使人感到消沉抑郁。

一、负离子的概念

我们呼吸的空气是一种混合气体，它含有多种元素，由无数分子、原子组成，主要是氮气和氧气。在正常状态下，气体的原子处于最低能级，这时电子在离核最近的轨道上运动，空气中的各种分子或原子在机械能、光、静电、化学或生物能作用下能够发生电离，其外层电子脱离原子核，这些失去电子的分子或原子带有正电荷，我们称为正离子或阳离子。而脱离出来的电子再与中性的分子或原子结合，使其带有负电荷，称为负离子或阴离子。负离子是空气中一种带负电荷的气体离子，空气分子在高压或强射线的作用下被电离所产生的自由电子大部分被氧气所获得，因而常常把空气负离子统称为“负氧离子”。

带正电荷的离子使空气的质量不断恶化，而负离子则相反。负离子对人的健康及生态的重大影响已为国内外医学界专家通过临床实践所验证。空气中负离子浓度与环境密切相关，在森林、海滨、瀑布等污染少的地方，含有大量的空气负离子，其浓度为污染严重都市的几百倍，在这里人们会感到呼吸舒畅、心旷神怡。负离子具有较强的生物波发射功能，能防止人体的老化和早衰；能杀灭对人体有害的细菌，且不伤害人体；并有优良的除臭性能，有良好的医疗保健效果。

二、负离子奇妙功效的发现

早在1931年，德国一位医生就研究发现，把自己关在一间密闭的研究室，当室内空气负离子的浓度高时，就感到心情舒适、精神振奋；当室内空气正离子浓度高时，则感到胸闷头昏、烦躁不安，这一发现引起了人们的极大兴趣。在1980年德国医学界率先证明，正离子多的地方人们患各种慢性疾病的概率高，发生交通事故也多，而山青水秀的地方空气中负离子含量多，空气清新，发病率低。日本多年的临床实验证明，负离子对人的健康有益。空气中的负离子，包括一些带负电的粉尘粒子（比带正电的粒子数少）以及大气电离产生的O_2^-、$O_2^-(H_2O)_n$和水化羟基离子$(H_3O_2)^-$等。日本Kubo等人认为，对人健康有益的负离子应是“水化羟基离子$(H_3O_2)^-$”，并称之为“负碱性离子（minus alkali ion）”。有人把负离子称为“空气维生素”，并认为它像食物中的维生素一样，对人体及其他生物的生命活动有着十分重要的影响，有人甚至认为空气负离子与长寿有关，称它为“长寿素”。

1. 正、负离子对人体生理健康反应之比较

（1）负离子的影响：活性酸素消失，产生弱酸性还原作用，消除体内酸性，中和乳酸，消除疲劳，活化细胞，自然免疫力增强，身体舒适自如，净化血液，血流畅通，延缓老化，改善失眠和皮肤干燥等症状。

（2）正离子的影响：活性酸素增加，体内酸性化加剧，细胞及肌肉组织乳酸增加，酸性化的脂质高引起动脉硬化，自主神经不协调，激素平衡失调，血流不畅，加速老化，引起失眠和皮肤干燥等症状。

2. 健康状况与负离子含量的关系

空气负离子已被当作评价环境和空气质量的一个重要标准，人体的健康状况与空气中负离子的含量呈正比例关系。以巴马为例，巴马

的空气几乎没有污染，空气中氧气和负氧离子含量充足，大都市城区里空气中负氧离子浓度通常为每立方厘米几百个，而巴马空气中负氧离子浓度为每立方厘米几千个，在巴马盘阳河两岸达3000个以上。

为什么巴马的空气里会有这么高的负氧离子浓度？巴马空气污染少、森林覆盖率高，大气易受紫外线、宇宙射线、放射物质、雷雨、风暴等因素的影响，产生电离而释放出的电子，很快又和空气中的中性分子结合而形成负氧离子，又由于穿越巴马全境的盘阳河和湿润欲滴的空气。诺贝尔奖得主德国物理学家勒纳发现，细微水滴带正电，周围的空气便会带负电，所以，水滴扩散时就会产生负氧离子，这种现象被称为“勒纳现象”，它可以解释为什么我们在瀑布旁边或者雨后感觉到空气十分清新。但更主要的原因应该是巴马地区磁场高，是雷击的重高发区，最易产生负氧离子。

为什么负氧离子浓度高的空气更加清新呢？因为较高的负氧离子浓度不仅意味着空气里氧气充足，而且带负电的负氧离子可以中和带正电的自由基。换句话说，负氧离子是一种自由基清除剂，具有抗氧化作用。因此，负氧离子浓度高的空气不仅清新，而且可以帮助预防和治疗多种疾病，特别是呼吸道疾病。

三、负离子的保健功能

人们对负离子的积极保健作用研究已久，众多科技论文证实：

1. 负离子的积极保健功效

负氧离子的存在会帮助人体恢复其正常的平衡，即负离子对于人体的生长发育和防治疾病方面具有许多积极作用。

（1）改善肺器官功能，增加肺活量，改善呼吸系统绒毛的清洁工作效率。这是因为负离子是通过呼吸道进入人体的，它可以提高人的肺活量。有人曾经试验，吸入负离子 30 分钟后，肺能够增加吸收氧气 20%，多排出二氧化碳 14.5%。可减轻哮喘病的痛苦。

（2）降低血压，增强心肌功能。负离子具有明显的降低血压、增强心肌功能以及镇痛、改善睡眠、促进新陈代谢等作用，对于解除动脉血管痉挛有较大的作用。

（3）具有较高的活性，有很强的氧化还原作用。负氧离子能破坏细菌的细胞膜或细胞原生质活性酶的活性，从而达到抗菌杀菌的目的。

（4）改善和调节神经系统和大脑的功能状态，调节抑制兴奋过程，起镇定安眠、稳定情绪的作用，并能增加想象力，提高工作效率。

（5）增强免疫系统功能。负离子能提高身体的天然解毒能力，使激素的不平衡正常化，消除身体自由基和组胺过多引起的不安，避免过敏性反应及“花粉症”的产生。

（6）负离子对于呼吸道、支气管疾病，慢性鼻炎、鼻窦炎，偏头痛，更年期综合征，慢性皮肤病等具有显著的辅助治疗作用，使身体各器官的功能更为有效，且无任何不良反应。

2. 负离子对人体的作用原理

负离子对人体的健康作用早已被医学界证实，也越来越被广大消费者所认知。充满负离子的空气，对支气管炎、冠心病、脑血管病、心绞痛、神经衰弱、溃疡病等 20 多种疾病均有较好的保健功效。有人认为，负离子对人体的作用原理如下：

（1）调节中枢神经的兴奋和抑制功能：负离子→肺泡→血液→血脑屏障→脑脊液→中枢神经系统。

（2）改善肺换气功能：负离子→呼吸道黏膜，促进黏膜上皮纤毛运动，腺体分泌加速，平滑肌兴奋性增强，换气功能提高。

（3）降低血压作用：负离子→单胺氧化酶（MAO）→氧化脱氨作用，使5-羟色胺、儿茶酚胺、去甲肾上腺素浓度下降，从而起到降压作用。

（4）刺激造血机能，使血液成分正常化。负离子→血液，增加红细胞排斥力→血沉减慢。负离子→脾脏功能增强，红细胞增多和血液中钙含量提高。

（5）促进组织细胞生物氧化还原过程。

（6）杀菌作用，负氧离子生物活性高，具有杀菌作用。

因此，负离子对人体的健康是显而易见的，它不仅可以防治疾病，更是一种标本兼治的自然疗法。

第三节　水——人类生命的源泉

《东篱赏菊》中说："南阳有菊潭，又有甘谷泉，人饮其水，皆得益寿延年。"阿井之水炼制出国药瑰宝阿胶，茅台镇的水酿出国酒茅台。李时珍在《本草纲目》中说：阿胶出自于东阿，取阿井水煮胶。也就是说，阿胶的养生健体作用来自驴皮中特有的胶原蛋白和东阿之水中富含的矿物质和微量元素。可见富含微量元素的好水对养生多么重要！

水是生命之源，没有水便没有生命。人体的70%是由水构成的，所以说，水是生命赖以维持的源泉。在灾害的报道中，我们见到人在没有食物，但有水存在的情况下，可能坚持40天而最终获救。水能清洁肌肤，荡涤肠胃。当然这水必须是清洁的。许多消化道传染病都是源于饮水的污染，所以世界卫生组织提出的“人人享有健康保健”的初级卫生基本要求之一便是“有清洁的饮用水”。

一、水中的重要矿物质

拥有喀斯特地貌的巴马位于高原的断裂之处，有很多地下水从地壳断裂之处冒出来，这些水含有丰富的硒、镁、锰、锗、锌、钾、钠、铁等对人体有益的矿物质元素。另外，巴马的水为天然弱碱性水，pH一般在7.2 ~ 8.5之间，接近人体的pH（7.35 ~ 7.45），且为纯天然小分子团，极易进入人体细胞膜被人体吸收，可以改善生化作用，增强酶的活性，这也是一些高血压、糖尿病患者来巴马比较容易治愈的重要原因。

锌是人们熟知的必需微量元素，它参与包括超氧化物歧化酶（SOD）在内的数百种酶的合成，人的生长发育和新陈代谢都离不开锌元素。从呼吸道吸入无机锰是有害的，但从饮食中摄入有机锰是有益的。哺乳动物需要锰，成人体内含有10 ~ 20毫克锰，虽然含量很小，但遍布全身。研究发现，锰是多种酶的构成部分，包括精氨酸酶和超氧化物歧化酶（SOD）。锰可以保护细胞，缺乏锰会发生发育缺陷，骨骼发育异常，脑神经失调，胆固醇合成故障，以及胰岛细胞变小和减少等问题。钾、钠是体液的重要成分，维持着体液的电离平衡，同时在神经传输中起着无法取代的重要作用。钙和磷则是组成人体骨骼和牙齿的主要元素，同时，钙还控制着人体肌肉的兴奋程度以及神经系统尤其是青少年神经系统的发育。铁，

是人体血液中血红蛋白的重要组成元素，负责向体内运送氧气，同时将二氧化碳运出体外。碘，是甲状腺激素的重要组成元素，主要促进人体神经系统的发育。硒和锗则是抗氧化物质，更重要的是具有抗癌作用。总而言之，水中的矿物质对健康有着极其重要的作用。

医学在日新月异中不断地进步，但患各类疾病的人数却在上升。究其原因，不外乎是环境的污染和错误的生活方式所引起。现代人摄取了过多的肉类和糖分，再加上果蔬中的残余农药、添加剂食品及环境、空气及水源的污染，使得大多数人的身体内都羁留了过多的垃圾毒素，这些垃圾毒素造成人体易患各种疾病，如高血压、心脏病、糖尿病、过敏性疾病、中风等，同时也使患各种癌症的概率上升到了极点。人们每天都饮用大量的水，因此洁净的水源对人体健康至关重要。

二、饮水习惯——生水与沸水的差异

自来水烧开饮用是我国人民的饮水习惯，水烧开后可以杀死一些细菌微生物，这是古人们解决生物污染的良策。但是，对于今天受污染的水源就不是那么的适用了。

目前水的污染主要有 3 种：物理污染、生物污染和化学污染。将水烧开只能对付其中的生物污染，并能脱去自来水中含有的余氯，而对于物理污染和危害极大的其他化学污染，根本起不了任何的作用。

生水中含有多种微生物、病原体以及大量的细菌，人体长期喝这种水容易感染细菌，严重时甚至会感染上肝炎。自来水普遍采用氯气来杀菌和消毒，但同时也破坏了水中的营养成分。从自来水厂到居民家中，需要经过很多道工序对其进行杀菌、消毒后，才能正式进入居民的日常饮用，在这些工序中，漫长的锈蚀和洞穿的输送管道成为水源的严重污染源。管道中大量的锈蚀物，不是仅仅靠水烧开就能解决的。大部分二次供水的水塔，因为长期无人清洗和有效的管理，造成供水的又一次污染。

水烧开对水中的重金属砷化物、氰化物、亚硝酸盐等有害物质，特别是有机污染（农药、杀虫剂、合成洗涤剂）是没有丝毫作用的，这些物质对人体的伤害远比水中的细菌更可怕。

生水中的含氧量高于开水许多倍，对改善人体内的微循环和促进细胞新陈代谢相当有利。烧开后的水，其含氧量急剧下降。而且生水在烧煮过程中，可使水中含有的硝酸盐转变成了亚硝酸盐（一种致癌物质），从而使人体内血红蛋白变成了亚硝酸基红蛋白，导致红细胞失去携氧功能。因此，如果生水和沸水这两者的洁净程度相同的话，生水比沸水更有利于人体健康。

人体的胃肠黏膜、血管壁、肝脏、肾脏、毛细血管、细胞壁和各种黏膜组织等组成了一个非常完善的过滤系统，它把我们获得的水分通过自身的循环系统进行过滤，获得人体所需的洁净水。因此，尽量饮用洁净的水，最好喝矿泉水，别把过滤有害物质的任务交给自己的身体，以免它负担过重而过早地衰退。

第四节　磁——健康长寿之宝

我国是发现磁现象和应用磁石治病最早的国家，至今已有两千余年的历史。宋代科学家沈括在《梦溪笔谈》中最早记载了地磁偏角“方家以磁石磨针锋，则能指南，然常微偏东，不全南也”。《神农本草经》有记载“磁石主治固痹、风湿、肢节肿痛”；明代李时珍的《本草纲目》中也有记载磁疗“散风寒、强骨气、通关节和消肿痛”的功能；风水先生的罗盘和郑和船队的指南针应用了地磁的吸引力之作用。后来，科学家们发现地球本身就是一个巨大的磁石，地磁场像阳光、空气、水分、营养一样是地球生命体赖以生存的不可缺少的基本要素，地磁影响人体内神经电信号的传递、体液成分的变化和褪黑素的释放，从而改变睡眠和其他生理过程。地磁场影响人体生理过程，一个地区的地磁强弱与当地居民的健康息息相关。但是，由于现代社会高楼大厦林立，各种有害电磁波的增加，干扰了地球磁场，同时也扰乱了人体磁场，这种现象称为“磁肌恶症”。这种缺磁症状表现为体质虚弱、疲劳、内分泌失调、抵抗力下降、肌肉酸痛、神经衰弱、记忆力减退及失眠等。

血液中含有大量水分和很多能导电的电解质（如氯离子、钠离子、钾离子、亚铁离子）。血液的 45% 是血细胞，血细胞主要包含下列 3 个部分：

红细胞：其中含 33% 血红蛋白（含铁的蛋白质），主要的功能是运送氧气，排出二氧化碳和废物。

白细胞：主要扮演了免疫的角色。当病菌侵入人体时，白细胞能穿过毛细血管壁，集中到病菌入侵部位，将病菌包围后吞噬。

血小板：在止血过程中起着重要作用。

由上所述，血液实际上是一个复杂导体，人体内密密麻麻的血管组成了复杂的闭合电路，这是磁疗的物质基础。

磁疗的作用机制：磁场可以调节体内生物磁场、产生感应微电流、改变细胞膜通透性、改变某些酶的活性和扩张血管、加速血流，从而达到如止痛、消肿等辅助治疗的作用。通常认为，磁场作用于人体时，每个血管流动着血液，其中的血细胞等部分导体在磁场里做切割磁感线的运动，根据法拉第电磁感应定律，这些血细胞等导体中就会产生电流，电能使血液富有能量，加快血液循环，为人体组织提供充足的氧气和养分，排出二氧化碳和毒素，改善新陈代谢，有利于消除肌肉酸痛和缓解身体疲劳。同时，磁场作用于人体，通过电磁诱导产生电能，引起体内的理化反应，并通过神经－体液作用，影响组织和器官的功能，达到消除病因、调节功能、提高代谢、增强免疫、促进病损组织修复和再生的目的。也就是说，食物在人体产生了生物能，使我们的心脏有动力驱动血液流动，流动的血液在磁场中产生电流，使血液富有能量，提高了血流通透性，加快了血液循环和新陈代谢，这就是磁疗的基本原理。

一、磁疗的保健作用

地磁场是指地球内部存在的天然磁性现象。地球可视为一个磁偶极（magnetic dipole），其中一极位在地理北极附近，另一极位在地理南极附近。通过这两个磁极的磁轴与地球的自转轴大约成 11.3 度的倾斜。

地球是一个磁场包围的球体，地磁保护人类生存与进化。磁场

作用于人体，促进血液新陈代谢。人体细胞是具有一定磁性的微型体，人体有生物磁场。因此，外磁场影响人体的生理活动，在磁场作用下产生微电流效应和生物电作用，通过神经、体液系统发生电荷、电位、生化和生理功能的变化，以调整人体的机体功能和提高抗病能力，具有保健作用。“磁疗”是指应用不同类型和强度的外磁场作用于人体患部或反射区（经络穴位），从而治疗疾病的一种治疗方法，也包括内服和外敷磁性药物的治疗方法。相关研究报告证明，磁疗对内脏、血管、气管疾患具有疗效，例如，具有比较迅速的镇痛作用、消炎消肿、抗衰老作用，对高血压、风湿性关节炎、肿瘤均有一定的治疗作用。其原因可能是磁疗作用于经络、体液、血液等后产生影响的结果。

用西医的观点看，磁疗的作用机制是：通过磁场对机体内生物电流的分布、电荷的运动状态和生物高分子的磁矩取向等方面进行影响，从而产生生物效应和治疗作用；中医则认为，磁穴疗法主要通过外加磁场对经络穴位的作用，以调节机体生物电流平衡，达到治疗疾病的目的。现代生物学认为，每一个血液细胞是一个小导体，当血液流过磁场时将产生电流——生物电，电能增加了血液细胞的活性，提高了血流通透性，改善了微循环，加快了毒素废物的排泄和营养成分的输送，从而实现“一通百通，强身健体”。

磁疗可兼治多种疾病，还可与药物疗法同时并用对多种疾病综合治疗。如磁疗“足三里”“三阴交”等穴，可对关节痛、胃痛、高血压等兼而治之。如果用磁疗法与中西药物同时为患者施医，非但没有矛盾，若配合得当，还可缩短疗程并提高疗效。磁疗具有无创痛、安全可靠的特点，磁疗不会对患者造成创伤和痛感及心理压力，尤其适合于儿童和老人，对磁疗不适应的患者极少。因此磁疗是十分安全的方法。

磁疗产品的工作原理是指永磁或电磁感应所产生的磁场，利用磁场的物理性能实现治疗或缓解某些人体疾病的目的。

根据磁源的种类，磁疗产品主要分为永磁型产品（静态磁疗）和电磁型产品（动态磁疗）。其中永磁型产品通过永磁体产生静态磁场，分为产生恒定磁场和时变磁场（交变磁场和脉动磁场等）的产品。一般的磁疗器具是以静态磁疗法为主，它是把永久磁铁直接作用于患病部位或相关穴位。磁疗器具按形状来分有磁片、磁珠、磁针等，其中磁珠主要用于耳穴疗法。电磁型产品通过电磁感应产生动态磁场。动态磁疗法按其波形可分为交变磁场（磁场强度的大小和方向随时间作周期性变化）、脉动磁场（磁场强度大小随时间作周期变化，而其方向不变）和脉冲磁场（磁场强度不随时间作连续的变化、中间呈断续变化）。动态磁场的磁疗器具往往是使用直流电或交流电源的专门器具，例如旋磁机、磁疗椅、振动磁疗按摩器、脉冲磁疗机等，可以产生强大的磁场强度。

笔者认为，静态磁疗（或永磁型产品）没有电流存在，不产生对人体有害的高能电磁波，在一定的磁感应强度下对人体是有益的，并且是安全的；而动态磁疗器通常是由电流作用下产生的，在治疗的同时会产生电磁波，而高能量的电磁波或电磁辐射是对人体有害的。故动态磁疗器（或电磁感应型磁疗产品）只适用于以治疗疾病为目的的用途，不适用日常的保健养生。

在人体内存在着生物磁场。如脑、心、神经、肺、肝、腹、肌肉、眼睛、头皮等都有磁场。医学上就利用心磁图来诊断心室肥大、心肌缺血、早搏等病症。磁场对人体的作用主要是通过磁场的生物效应，当磁场作用于人体后，会引起人体一系列的反应。

1. 磁场对经络的作用

“经”是指十四经穴，“络”是指经的分支。“经”和“络”像网一样纵横交错，遍布于人体全身。而“穴位”则如同这个联络网上的个个据点。一种观点认为，只有在人体穴位上敷上磁铁，磁场才可以通过经络传递电荷，使机体发生变化。例如，如果在失眠患者身上任何部位随便放几块磁铁，那不一定会有好的疗效。另一种观点认为，磁场进入经络，可使人体组织内物质的原子核起旋转作用，使人体组织内放射出一种高频交替着的微弱生物电流，这是一种有益于人体并能抗击外来疾病侵袭的因素。根据文献记载，从人体体外输入电流，一般不超过300微安，而磁场敷于经络引起的生物电流，则只有几十微安，而且对人体的效应也较缓慢。

关于经络的作用说法很多，目前不能做出结论，但是磁场能对经络起到一定作用，这一点似乎可以肯定。人体在遭受损伤之后，气血瘀滞，经络阻隔，不通则痛，壅塞则肿。磁场调整可使经络气血疏通，周身气血流畅，脏腑生机旺盛。由此可见，磁疗可沿经络传感，并疏通经络。

2. 磁场对神经系统的作用

根据近年来解剖观察，穴位各层组织中，往往具有丰富的神经末梢、神经丛和神经束，对磁场作用最敏感的是神经系统，而其中又以丘脑下部和大脑皮质最为敏感。磁场对动物条件反射活动主要是抑制作用，脑电图表现为大脑个别部位慢波和锤形波数目增加，在行为中伴有的抑制过程占优势。在磁场作用后观察动物脑髓的超微结构，发现神经细胞膜结构、突触和线粒体有变化，而轴突的结构较稳定。实验发现恒定不变的磁场对人的中枢神经系统的抑制作用更加明显，受试人体出现心跳减慢、血压下降、呼吸变慢等现象，这也是磁疗床垫治疗失眠的原理。

有人做过这样的实验，把青蛙吊起，使头部向下，这时如果把磁铁移到青蛙头前，就可以使青蛙处于睡眠状态；如果把磁铁的两极按一定的位置放置，可以使青蛙的睡眠时间延长。我们也曾试验在人头部的两个太阳穴敷贴两块磁铁使南北极对称，有些头痛症状即见改善。还有一些试验都说明，“磁疗”对神经性疾病具有治疗作用。

3. 磁场对体液的作用

当磁场作用于人体时，体液中的电子自旋运动和绕核轨道的运动受到磁场作用的影响，改变其角加速度，由于电子运动的改变，使体液中水分子的正负电极发生了变化，从而改变了体液的电荷状态。体液中粒子带有电荷，粒子界面往往是双电层结构，磁场有助于粒子界面双电层的形成和稳定。

磁场对体液中水分子的缔合形态也有影响，并使某些矿物质的结晶状态发生变化。关于磁场作用于水的说法很多，较多是认为磁场能改变离子的水化作用，从而引起水特性的改变。

医疗研究证明，磁疗能降低血液黏度，促进血液循环。其机制是：磁场作用于血液，能使红细胞表面负电荷增加，聚集性减弱，变形性增强，从而使血液黏度降低。

4. 磁场对血沉、血脂及血压的影响

磁疗可以使血液中的饱和脂肪酸不容易氧化为脂质，中性脂质胆固醇难以在管壁上沉积，使血黏稠度下降，血脂下降，增强管壁弹性，使血流速度加快，降低红细胞的聚积，血管壁光滑和通渗性增加，从而减少动脉粥样斑块形成，防止心梗、脑梗发生，有资料报道，红细胞在磁场影响下作圆周运转，也即围绕着自身轴在运

转，因而沉降减慢。

另据报道，使用磁疗产品可使胆固醇和甘油三酯下降，磷脂与胆固醇的比值升高，起到降低血脂的作用，避免动脉硬化和冠心病的发生。史晓霞等多位专家研究证实：稳恒磁场可以提高血液的流动性，改善血液循环，可能有利于高血脂症的治疗。

磁场作用于人体首先可解除细小动脉的痉挛，降低血液黏度，通过磁场作用于经络穴位，加强大脑皮层的抑制过程，刺激神经末梢纤维，通过调节神经系统机能，改善血管伸缩功能，减少外周血管阻力，使机体微循环功能加强，使血压下降。沈心一教授在其研究报告《磁暴对原发性高血压患者的影响》中指出，观察了223例高血压患者，在中度和强烈磁暴发生后，无论是高血压的停药组和治疗组因受磁暴影响，收缩压和舒张压均显著下降。

据《磁穴治疗冠心病心绞痛28例》中介绍，应用磁穴治疗冠心病心绞痛28例，磁头分别置于膻中、双侧内关、心前区疼痛部位，每次治疗10分钟，治疗的28例中，6例心慌、闷气感消失，3例疼痛基本消失，7例心绞痛发作次数减少，8例磁疗后显示心肌缺血情况好转。

据《磁场对隐性冠心病治疗的观察》中所述，应用磁片贴敷法治疗隐性冠心病，收到了较好效果，心电图有不同程度的好转，磁疗后心电图有效率80.5%，其中变为正常者41.5%。

据《磁穴疗法治疗慢性支气管炎255例近期疗效观察》所述，应用磁片贴敷穴位或用旋磁法作用于穴位（常用穴位有天突、膻中、大椎、肺俞等），治疗慢性支气管炎255例，总有效率95.11%，收到了一定的效果。应用磁疗法治疗三叉神经痛、肋间神经痛、风湿性关节炎、类风湿关节炎、高血压、支气管哮喘、肠炎等疾病亦有较好或一定的效果。

第四军医大学多位专家的研究报告指出：磁场对高血压和冠心病等心血管疾病有一定的治疗作用，并从不同角度探讨了磁场治疗心血管疾病的作用机制和疗效。

5. 磁场对皮肤肌肉的作用

处于磁场影响下的皮肤、肌肉都可能发生一些变化。据临床观察，有一部分肌肉萎缩的患者经“磁疗”后萎缩的肌肉有所改善，也有一部分患者反映，敷贴磁铁的肌肉皮温增高。对皮肤干糙、瘙痒过敏的患者，磁疗产品也有一定的疗效。

6. 磁场对术后伤口愈合的作用

磁场具有促进血液循环和生肌作用，很多医疗工作者进行了大量的临床研究。申广浩等多位专家在《现代生物医学进展》2010 年 14 期中的研究报告中指出：通过平行对照实验，研究恒磁场对 260 例不同种类手术后患者伤口愈合的影响。对照组常规拆线、普通敷贴，磁场组采用 0.2 特斯拉（2000 高斯）恒磁敷贴。实验结果证明：恒磁场能提高术后的伤口愈合速度和质量，恒磁场在临床术后伤口护理中具有适应证广、使用方便的特点。

另有研究报告指出，手术后患者 120 例（其中妇科剖宫产 40 例、骨科 28 例、外伤缝合术 20 例、阑尾炎手术 32 例），按手术类型等分为两组：实验组用 0.2 特斯拉恒磁片制作的敷带包扎治疗，对照组用空白敷带包扎，不曝磁场，10 天后对创伤愈合情况进行观察，结果表明，稳恒磁场能提高术后的伤口愈合速度和质量，临床适用范围较广。

7. 磁场对内分泌系统和组织代谢的作用

强磁场可引起机体应激反应，伴有 ACTH 和 11- 羟皮质酮的

释放。下丘脑－垂体－肾上腺系统、胰岛、甲状腺、性腺等都对磁场的作用有感受性。动物实验表明，交变磁场短时间作用（5 分和 15 分钟）主要增加 ACTH 在垂体和血液中的含量。交变磁场作用 7 ~ 8 分钟，血中 11- 羟皮质酮含量增加 38%，作用 10 ~ 15 分钟后几乎增加一倍，以 20 毫特斯拉、频率 50 赫兹的交变磁场作用 15 分钟，过 1 小时后甲状腺素分泌增加。

在磁场作用下，体内许多过程和机能活动发生改变，例如，某些酶的活性、细胞的机能活动、生物膜通透性、内分泌功能以及微循环的改善等，因此引起组织代谢变化。

8. 镇痛作用

有人认为，疼痛是来自细胞破坏、分解，释放出钾离子、组胺，蛋白质分解形成缓激肽以及 5- 羟色胺、酸性代谢产物等致痛物质，当这些致痛物质达到一定浓度时则引起疼痛。在磁场微扰作用下，能使其浓度扩散，减轻疼痛。临床实验证明：磁疗用于神经痛、肌肉痛、关节痛、痉挛性疼痛，以及晚期癌症引起的疼痛，效果显著。其中静磁场对关节炎、皮炎、末梢神经炎、外科损伤、胃痉挛、胆道蛔虫、结石病、内脏反射痛均有明显效果。因为磁疗可以降低神经末梢的敏感。

损伤或组织发炎时，局部可出现红、肿、热、痛和功能障碍。首先，磁疗可以改善损伤或炎症周围组织的血液循环，使组织细胞得到更多的氧和营养物质，及时排出对人体有害的代谢物质，消炎消肿。其次，磁疗可以抑制某些致痛因子的活性，减轻其对感觉神经末梢的刺激，提高痛阈，从而起到止痛镇痛作用。

磁疗法的镇痛作用比较明显，且镇痛效果的发生比较迅速。有些病人磁疗后数分钟内疼痛就缓解或消失。磁疗的镇痛作用是多方面的，如磁疗能改善血液组织营养，因而可以克服由缺铁、缺氧、炎性渗出、肿胀压迫神经末梢和致痛物质聚集等原因引起的疼痛；磁场作用使体内的甲硫氨酸脑啡肽（MEK）浓度升高，进而产生镇痛作用。甲硫氨酸脑啡肽（MEK）这种镇痛物质，是由于磁场作用于局部或穴位而使之分泌出来的，这种镇痛作用是一种全身性反应。磁场作用可以降低感觉神经的兴奋性，减少对外界的感应性及传导性，因而疼痛减轻，疼痛刺激所引起的反应也随之减弱或消失。磁场对某些致痛物质的活性具有抑制作用。

9. 消炎消肿

炎症的病因有生物性和非生物性两种。生物性炎症是由细菌、病毒、寄生虫引起的；非生物性炎症则是由低温、高温、各种毒性、机械创伤等引起的。一般来说，磁疗对非生物性和生物性的慢性炎症作用较好。因为磁场可以使局部血液循环加强，组织通透性改善，有利于渗出物的消散、吸收；加之磁场还能提高机体的非特异免疫力，使白细胞活跃，吞噬能力增强，故而有消肿消炎作用。磁场可改善病灶局部血液循环：在磁场作用下，血管扩张，血流加快，血液循环旺盛，使抗体、白细胞及营养物质输入到病灶部位的速度加快，促进炎性物质的吸收、消散与清除；由于改善血液循环，输送到炎症部位的氧气增加，使缺氧及酸中毒现象得到改善和纠正，因而有利于炎症的控制与消散。磁场可降低局部炎症的渗出过程。磁场可增强机体免疫功能，磁场作用能明显提高细胞免疫力。磁场可能加速局部组织中蛋白质的转移。蛋白质和各种酶都含有铁、镁、钴、镍、铜、锌等原子或离子，它们是顺磁性物质，很易受到磁场作用而发生变化，进而改变了蛋白质和酶的活性。实验发现，旋磁处理可加快血浆蛋白的吸收，局部组织中蛋白质减少，

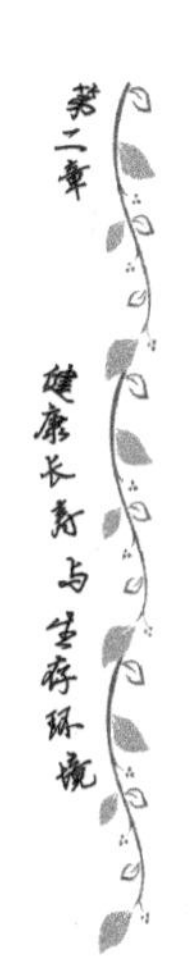

其渗透压相应降低，血管内水分渗出减少；同时磁场还有促进组织间隙水分重新吸收的作用，因而起到消肿作用。

据黄德恩在《磁场疗法治疗挫伤716例疗效分析》中所述，应用磁场治疗软组织扭挫伤716例，有效695例，有效率97%，其中痊愈342例，痊愈率48%，显效235例，显效率33%，痊愈及显效率占81%。

据杨瑞等在《交变磁场治疗软组织扭担挫伤426例》中所述，应用交变电磁场治疗急性软组织扭挫伤426例，有效率100%，其中痊愈337例，占79.1%，显效68例，占16%，痊愈及显效率为95.1%。还有其他报告，应用磁疗法治疗软组织扭挫伤亦收到了良好疗效。

应用磁疗法治疗肌肉劳损、肌纤维组织炎、骨关节病、肋软骨炎、肩关节炎、外伤性血肿、前列腺炎、肛门疾病、骨折延迟愈合、骨折后疼痛、跟骨刺、颈椎病等，收到了较好或一定效果。

10. 镇静作用

古代人用磁石装进枕头，用于治疗失眠，也有古人用磁石磨成大块的枕头面，包上木头包边成枕，枕后睡眠可醒目、醒脑，使人老而不昏，老而不花。

磁疗法的镇静作用主要表现在促进入睡、增加睡眠时间、改善睡眠状态。解痉作用主要表现在对胃肠痉挛、面肌痉挛有较好的缓解作用。实验表明，磁场有双重作用，既解痉镇静，也有增强肠道活动的作用。

磁疗可以积极地调整神经系统的功能，纠正自主神经系统功能紊乱，降低肌肉的紧张度，缓解肌肉痉挛，缓解紧张的情绪，改善睡眠状，加快睡眠速度，具有明显的镇静安神作用。另外，磁场作用于人体，由于血液循环的改善，可加速体内因劳累而产生的乳酸等物质的运转，从而加速消除疲劳。

11. 国外关于磁疗对心脏机能影响的研究

磁场对高血压和冠心病等心血管疾病有一定的治疗作用，国际上很多医学专家从不同角度探讨了磁场治疗心血管疾病的作用机制和疗效。

Kazakova 等在研究恒磁场对家兔的血流动力学影响时发现，0.4 特斯拉恒磁场置于心前区 30 分钟，每日 1 次，共 7 天。结果显示，恒磁场对健康家兔的心率、每搏量和心输出量无显著影响，但对心功能不全的家兔有很好的治疗作用，使心率趋向于正常，每搏量和心输出量增加，心功能得到改善。

Ramon 等采用心脏前后放置磁头的方法研究了脉冲磁场（频率 10 赫兹，磁感应强度 6 毫特）对离体犬心脏功能的影响，实验结果显示，峰值为 10 毫特的脉冲磁场作用于犬心脏 5 分钟后心率轻度加快，心肌收缩力逐渐加强。

Orlov 等报告，60 例稳定性心绞痛患者随机分成 3 组，每组 20 例，分别采用磁感应强度为 8 毫特、频率为 10 赫兹的脉冲磁场，抗心绞痛药物，脉冲磁场（同前）加抗心绞痛药物的方法治疗心绞痛。观察结果显示，单纯脉冲磁场疗法对稳定性心绞痛有显著的治疗作用，而且磁场能增加抗心绞痛药物的效能。

Vasileva 等采用磁感应强度为 10 毫特的低频电磁场治疗 23 例患有频发性期前收缩儿童。通过对临床和生化有关指标的研究发现，心前区磁疗能显著降低患者期前收缩的发生率，其作用机制与细胞内 Ca^{2+} 增加和 Mg^{2+}–ATP 酶活性增强，血栓素的产生减少，红细胞磷脂合成的改变，红细胞携氧能力的增强和血液黏稠度的降低

有关。

Mouchawar 等对超强脉冲磁场作用于犬心前区诱发犬心律失常的研究表明，11 只体重 17 ~ 26 千克的实验犬发生心律失常的平均临界磁感应强度为 12 特斯拉（1 特斯拉 = 10000 高斯），这说明治疗剂量的磁场对心脏传导系统的影响不显著。

12. 磁场作用促进骨质增长，治疗骨质疏松

磁场作用能够促进成骨细胞的增殖，一定强度的静磁场作用能使成骨细胞中的钙离子浓度增加，而且一定强度的静磁场作用能够促进成骨细胞的增殖和分化，使骨外的钙逐渐沉积到骨内，从而实现治疗和预防骨质疏松的作用。其可能的原因是：在静磁场作用下，细胞膜钙离子通道开启，胞外大量钙离子进入胞内或可能是胞内“钙库”大量释放。也有人认为，磁场治疗骨质疏松的机制是在钙代谢方面磁场可以起到类似性激素的作用，促进钙沉积在骨组织上而不会快速流失；促进骨胶原合成；促进成骨细胞生长与抑制破骨细胞的功能和生长。

13. 磁疗治疗股骨头坏死

2003 年非典流行，北京中日友好医院有十多位染病医护人员治愈后不久就出现了糖皮质激素诱发的股骨头坏死。对于这个病没有什么特效疗法，在万般无奈的情况下中日友好医院使用了旋转强恒磁场治疗方法。没想到旋转强恒磁场治疗效果惊人，患者每天磁疗 1 小时，几次之后患者疼痛就消失了；40 次之后不少患者已明显好转，可以自由行走、生活自理、部分又继续上班了；严重的经 60 天治疗也都有好转。治疗期间还有一位 30 多岁的护士怀孕了，大家十分担心磁场对胎儿的生长发育有影响，结果 2004 年 8 月患者生下一个健康可爱的女婴，母婴完全正常。这一切都告诉人们，旋转强恒磁场不仅可以治疗股骨头坏死，而且没有不良反应。深圳大学生命科学学院张小云教授研究认为，其机制是：磁场可以穿透人体骨组织，阻止骨髓基质细胞向脂肪细胞分化，改善局部微循环，改善局部营养供应，降低关节腔压力，使病灶营养供应好转。

14. 磁场治疗血液系统疾病

张小云教授研究团队发现磁场在升高白细胞和血小板方面有奇效。白细胞低下和血小板低下的患者医治困难，费用昂贵，但经过适当强度和频率的磁场处理几次后，这类患者的白细胞和血小板获得显著上升，仅用磁疗方法就可以治疗这些血液病的确让人震惊。实践过程中，她们也发现磁疗对于再生障碍性贫血的患者也有非常多的好处，旋转强恒磁场对血液系统有保护作用。

15. 其他作用

据介绍，磁疗具有明显的抗衰老作用，磁疗对良性和恶性肿瘤均有一定的抑制作用。在磁场的作用下，ATP 酶活性增强，可使小肠的吸收功能增强；胆碱酯酶活性增强，使肠道分泌减少、蠕动减慢，有利于水分和其他营养物质在肠黏膜的吸收；同时，磁疗还具有止泻作用，磁疗对内脏、血管、气管的疾患具有一定疗效。其原因可能是磁疗作用于经络、体液、血液后，间接对内脏等产生影响的结果。

16. 磁疗防病治病的新机制

近些年，关于磁疗防病治病机制最新研究的电浆学说以及生命体的液晶学说皆可认为是新的突破。电浆学说指出：穴位是生物电浆体同地球上的空气离子、电场和磁场的连接点。这也可能是地磁场磁力线与生物电浆内的磁场连接点。磁穴疗法是指在人体内电浆的一定穴位外加磁场治疗疾病的方法。经络磁场疗法是指外加磁场通过人体经络间电浆的作用而治疗疾病的方法。这两种方法都是基于磁场与人体电浆及其环境磁场相互作用所致。磁场生物电浆效应的微观机制主要是：磁场影响生物电浆中的电子运动，从而影响与电子传递相关的生命电浆过程，影响生物电浆中自由基的活动，这在防癌及抗衰老过程中起一定作用。博中朝在《磁场在抗衰老研究中的地位》提出生命体—液晶学说，指出：生命体的结构材料大都是由液晶相物质组成，物质是生命的基础，液晶相物质具有在一定环境下生成、生存、衰老或老化的变化特性。这也是生命体生成、生存、衰老变化过程的基础。环境磁场的过强或过弱或性质变化都可以使一定成分的液晶物质提前老化。在一定范围内磁场强度的改变，在一定环境条件下，可以增强液晶相物质抗老化和生命体抗衰老的能力。

二、磁——健康长寿的重要因素

当人们不知道什么是地磁场的时候，就称之为“地气”。在传统中医学理论中，“接地气”是养阴的一种方法，能使机体的阴阳达到平衡状态。老人们常说让小孩多光脚在地上跑跑，这样可以接地气，孩子们会更健康。很多住惯了小平房的老人们住进楼房就经常生病，他们说这是住楼房接不上地气了。其实这就是地磁场的作用。铁笼子一样的高楼大厦结构形成了磁屏蔽室，破坏了人类赖以生存的正常地磁人居环境，人们极易出现注意力不集中、头痛、头晕、神经衰弱、失眠、关节酸痛、浑身乏力、血液黏稠等亚健康症状，严重的还会诱发心脑血管疾病、神经功能紊乱、内分泌失调、糖尿病等疾病。这就是人们常说的“大楼综合征”，也叫“磁饥饿症”。

1. 地磁场与长寿的关系

国际组织在世界各地建设地磁台，用于测量地磁场的变化。其中，北京地磁台设在西郊白家疃的山中，笔者曾到过这个风景秀丽的地方拜访专家。地磁场的大小一般从 20000 纳特到 70000 纳特不等，最大达到 100000 纳特，基本规律是两极大，赤道小；地面大，空中小。由于靠近赤道地区的地面磁场强度仅有 0.2 高斯（1 高斯 = 1×10^5 纳特），使得这些国家人们的血液循环不好，也影响了儿童的发育，人们的身高普遍低于高纬度地区的国家。同样，这也是我国南方地区人均身高低于北方地区的主要原因。深圳市康益磁疗保健用品有限公司的临床研究报告指出，在马来西亚和印度尼西亚等靠近赤道地区的国家，99% 的消费者使用康益磁疗床垫后普遍感到睡眠好、精神爽，对疼痛等很多疾病有缓解效果，体检证明，血流速度加快，微循环明显改善。其原因就是这些赤道附近国家普遍处于缺磁状态。

长寿地区的地磁场强度普遍较高，如广西巴马瑶族自治县，比同纬度其他地区地磁场强度明显高，当地百岁老人比比皆是。1991 年举行的国际自然医学会第 13 次年会上，巴马被宣布为继苏联高加索、巴基斯坦罕萨、厄瓜多尔比尔班巴、中国新疆南疆一带之后的世界第五个长寿之乡。中外研究人员从遗传、地理、气候、环境、饮食等诸多物质方面对巴马长寿问题进行一系列的研究，发现巴马人长寿的主要因素是空气、阳光、饮食、磁场、水这五个方面。

巴马有一条断裂带，直接切过地球地幔层。这条断裂带就在盘阳河地下，地球同纬度地区的平均地磁场约在 0.35 高斯，而巴马的

地磁高达 0.58 高斯，将近同纬度地区的一倍。人们生活在合适的地磁场环境中，身体发育好，血液循环好，心脑血管疾病发病率低，身体免疫力高，能协调脑电磁波，睡眠质量高。外地到巴马旅居的人总会感觉到在巴马睡眠很好，这就是高地磁作用的原因。

广西医科大学和广西疾病预防控制中心多位专家对地磁环境对广西巴马人群长寿的影响进行了广泛研究，论文发表在《现代生物医学进展》2016 年第 5 期上。他们用高精度智能磁力仪测试广西巴马县各村镇的地磁强度，然后基于 GIS 技术绘出巴马长寿老人的空间分布图，研究巴马地磁和长寿发生概率之间的变化关系。结果发现，巴马长寿老人空间分布呈非均匀性，县境内存在“长寿集落区”（主要分布在石山地带）和“非长寿集落区”（主要分布在土坡丘陵地区）；并且“长寿集落区”的地磁强度普遍比“非长寿集落区”的高，他们推测地磁场可能是影响广西巴马人群长寿的一个重要因素。

2. 磁疗机体反应

在人体接受磁疗过程中，机体会出现一些反应，这些都是磁疗中的正常现象。磁疗过程中机体出现的主要反应如下：

（1）乏力。机体恢复前期的反应。

（2）发热。扩张血管，加快血流速度引起的。

（3）出汗。磁场与远红外加速血流产生热及排除毒素和代谢的过程。

（4）出凉。体内寒、湿、邪、风、病气排除的过程。

（5）泄。正在排除胃肠道淤积物所产生的现象。

（6）呕吐。是胃肠道活动增强所产生的返流现象。

（7）麻、胀、痛。打通经络，疏通血脉，正在调节的过程。

（8）晕。增加脑部血流量的暂时反应。

以上不适情况一般 1 ~ 3 天结束，但每人的体质各异，对磁场耐受性不一，特别是体虚患者使用时可能会反应强烈，如反应过重，应该缩短每次使用磁疗产品的时间，或采用在身体与磁疗产品之间加厚隔层的方式使用磁疗产品。对于体内植入心脏起搏器者，或体内存在金属异物，如金属固定针、弹片等，也应不用磁疗产品。

3. 磁疗产品合适的磁场强度

近年来，国内外进行了许多有关磁场生物学效应的基础和应用研究，磁场的治疗作用已逐步引起重视。大量研究证明，环境磁场的过强或过弱都可能对人体造成提前老化甚至伤害的结果。有人研究地磁场对动物的影响，把一组小白鼠放在将地磁场屏蔽空间的环境中，结果其寿命明显比放在正常环境中的另一组小白鼠的短。一定范围内较高磁场强度可以增强生命体抗衰老的能力。

有关资料介绍，磁疗产品合适的表面磁感应强度（最大值）如下：

（1）养生保健磁性内衣：0.5 ~ 10 高斯。

（2）以治疗为目的内衣：200 ~ 1200 高斯。

（3）养生保健磁疗枕头：200 ~ 1200 高斯。

（4）以治疗为目的磁疗枕头：400 ~ 1600 高斯。

（5）养生保健磁疗床垫：400 ~ 1600 高斯。

（6）以治疗为目的磁疗床垫：600 ~ 1800 高斯。

（7）养生保健磁疗被：400 ~ 1600 高斯。

（8）养生保健磁疗眼罩：200 ~ 800 高斯。

（9）养生保健护腰：200 ~ 1200 高斯。

（10）以治疗为目的的护腰：600 ~ 1800 高斯。

（11）养生保健磁疗护膝：200 ~ 1200 高斯。

（12）养生保健磁疗步道：400 ~ 1600 高斯。

近几年，人们根据远红外线和磁性对人体的作用，生产出远红外磁性寝具和护具等，运用远红外与磁性相结合的办法，使磁性的舒筋活络功能与远红外活血化瘀、保温、保健的温热效应协同叠加，对于风湿性关节炎、高血压、脑血栓等慢性病能起到辅助治疗的作用，具有很好的发展前景。

4. 缺磁损害人体健康

众多实验报告证实缺磁将损害人体健康。很多北方的老人到南方过冬时说，我们来到这个冬天如春的城市就是感到“水土不服”，甚至有老人说即使饮用家乡出品的矿泉水也会感到“水土不服”。真正原因是他们处的地磁场强度发生了变化，例如，黑龙江地区的地磁场强度约为 55 微特（0.55 高斯），海南和广东地区的地磁场强度约为 35 微特，二者相差近一倍，磁场的变化引起血液系统和内分泌系统等发生了变化，导致这些北方老人来到南方的初期出现“水土不服”。

北京中医药大学和中国科学院生物物理研究所的丁海敏等人在《现代生物医学进展》2014 年第 26 期载文：他们将小鼠随机分组，分别饲养在亚磁场环境（小于 0.5 微特）和地磁场环境（约 50 微特），一个月后亚磁场中动物血液系统的中性粒细胞水平显著上升。

西北工业大学生命学院空间生物实验模拟技术国防重点学科实验室贾斌、商澎等在 2011 年第 05 期《航天医学与医学工程》杂志上发表论文指出：缺磁的亚磁场（HMF）环境明显影响血液系统。他们将 50 只成年雄性小鼠随机分组后分别饲养在正常地磁场环境

（磁场强度约 50 微特，1 高斯 =100 微特）和亚磁场环境（磁场强度小于 0.3 微特），结果发现：7 天后，亚磁场环境饲养小鼠白细胞数量及淋巴细胞百分比显著下降，血小板数量随着在亚磁场环境饲养时间的延长而逐渐增高，骨髓涂片骨髓单核细胞和分叶状粒细胞显著增多。得出结论：低磁环境可以引起小鼠血液中白细胞和血小板数量的变化，可能影响机体免疫系统的功能和血液的凝血机制。

第五节　硒锗微量元素——人类健康的保护神

一、健康硒元素

据资料介绍，硒是世界卫生组织公布的人体必需的微量元素之一，它具有多种重要的生理功能。硒在人体组织内含量为千万分之一，但它却决定了生命的存在，对人类健康的巨大作用是其他物质无法替代的。如果人体缺硒，就容易患大骨节病、克山病、癌症、心血管病、溶血性贫血等。硒能有效提高人体的免疫力，能消除人体内的重金属积累，具有解除铅、镉、汞等重金属中毒的能力，在保护心血管和肝脏、修复细胞等方面，发挥着非常重要的作用。硒被国内外医药界和营养学界尊称为“生命的火种”，享有“长寿元素”“抗癌之王”“心脏守护神”“天然解毒剂”等美誉。硒和维生素 E 共同作用，可以发挥更大的抗氧化效果，而过氧化物和自由基则被认为是诱发各种癌症的根源。

恩施有“世界硒都”称号，长寿老人的头发中的硒含量较高，

百岁老人的血液中的硒元素含量比正常人高一倍。硒与健康密不可分！富硒地区的居民，其健康水平普遍高于全国平均水平；癌症、肝病、心脑血管病等疾病在当地的发病率极小，有人说是硒造就了长寿之乡。于若木等大批中国科学家呼吁：补硒是利国利民的大事！

硒是谷胱甘酞过氧化物酶的一个不可缺少的组成部分。人体硒营养水平的高低取决于人体摄取食物的含硒量的多少，各地食物硒含量的不同导致人群硒的摄入量也不同。谷胱甘肽过氧化物酶参与人体的氧化过程，可阻止不饱和酸的氧化，可防止因氧化而引起的老化、组织硬化，避免产生有毒的代谢物，从而大大减少癌症的诱发物质。硒还具有减弱黄曲霉素引发肝癌、抑制乳腺癌的发生等作用。具体功效如下：

1. 增强免疫力

有机硒能清除体内自由基、排除体内毒素、抗氧化、能有效地抑制过氧化脂质的产生，防止血凝块，清除胆固醇，增强人体免疫功能。

2. 预防糖尿病

人体内必须有胰岛素的参与，葡萄糖才能被充分有效地吸收和利用，当胰岛素分泌不足或者身体对胰岛素的需求增多造成胰岛素的相对不足时，就会引发糖尿病。硒是构成谷胱甘肽过氧化物酶的活性成分，它能防止胰岛 β 细胞氧化破坏，使其功能正常，促进糖分代谢，降低血糖和尿糖，改善糖尿病患者的症状。胰岛素分泌不足最直接的原因就是能够产生胰岛素的胰岛细胞受损或其功能没有发挥。补硒可以保护、修复胰岛细胞免受损害，维持正常的分泌胰岛素的功能。医学专家提醒：营养、修复胰岛细胞，恢复胰岛功

能，让其自行调控血糖才是治疗糖尿病的根本，

3. 预防白内障

硒能催化并消除对眼睛有害的自由基物质，从而保护眼睛的细胞膜。若人眼长期处于缺硒状态，就会影响细胞膜的完整，从而导致视力下降和许多眼疾如白内障、视网膜病、夜盲病等的发生。硒可保护视网膜，增强玻璃体的光洁度，提高视力，有防止白内障的作用。

4. 预防心脑血管疾病

硒是维持心脏正常功能的重要元素，对心脏有保护和修复的作用。人体血硒水平的降低，会导致体内清除自由基的功能减退，造成有害物质沉积增多，血压升高、血管壁变厚、血管弹性降低、血流速度变慢，送氧功能下降，从而使心脑血管疾病的发病率升高。科学补硒对预防心脑血管疾病、高血压、动脉硬化等都有较好的作用。

5. 预防克山病、大骨节病、关节炎

缺硒是克山病、大骨节病两种地方性疾病的主要病因。补硒能防止骨髓端病变，促进修复，而在蛋白质合成中促进二硫键对抗金属元素解毒，对上述两种地方性疾病和关节炎患者都有很好的预防作用。

6. 解毒、排毒

硒与金属的结合力很强，能抵抗镉对肾、生殖腺和中枢神经的毒害。硒与体内的汞、锡、铊、铅等重金属结合，形成金属硒蛋白复合物而解毒、排毒。经常接触有毒有害工种的人群，尤其需要注意补硒。另外，在工作环境中或生活中，经常接触电视、电脑、手机等辐射干扰的人，要补硒，因为补硒可以保护造血。

7. 预防肝病、保护肝脏

我国医学专家于树玉在历经16年的肝癌高发区流行病学调查中发现，肝癌高发区的居民血液中的硒含量均低于肝癌低发区，肝癌的发病率与血硒水平呈负相关。在江苏省启东市居民中进行补硒预防癌症实验，补硒可使肝癌发生比例下降，使有肝癌家史者发病率下降。

二、健康锗元素

海南母瑞山下定安县是长寿之乡。海南省地质调查院在2004～2006年1：25万海南岛生态地球化学调查的过程中，发现定安县南部富含硒、锗等对人体有利的微量元素。

随着科学技术的发展，在护肤、保健品中出现了一些加入具有生物活性有机锗化合物的产品。锗（Ge）是一种银灰色的金属元素，1886年由德国化学家温克勒尔从矿物中分离出来。和硒、锌等一样，锗是人体必需的微量元素，它广泛分布于人参、枸杞、大蒜、灵芝、芦荟、茶叶、蚕蛹、坚果类及药用植物中。

早在20世纪60年代，日本科学家浅井一彦发现了锗的生物活性后，首先合成了具有广泛药理作用的β-羧乙基锗倍半氧化物，揭开了有机锗化合物的医学研究和应用的新纪元，并在数年的临床试验中，确定有机锗完全没有毒性。1974年，Rice L.M.和Wheeler J.W.合成出具有更高抗癌活性的螺锗，全称为8，8-二烷基-2-氮杂-8-锗杂螺癸烷。近十几年来，有机锗化合物的生物活性引起了世界各国学者的极大兴趣。美国、日本、德国以及我国科学家对不同类型肿瘤进行了临床试验，结果表明，有机锗化合物均有较好的疗效，且有免疫调节活性，增强机体的免疫功能，未见毒副作用。

锗作为一种珍贵的稀有元素，自然界几乎难以找到独立的矿床。锗作为一种高新技术材料，在光纤通信、国防科技、航空航天技术、医疗保健、地质勘探、化工催化和半导体材料等领域的应用日趋广泛，特别是在知识经济爆炸的今天，高新科学技术的研究日益深入而广泛，锗材料的应用领域也日趋拓展，用量大增。

最近几年的临床医学研究发现，正常人体中，不会缺乏锗这种微量元素，但是现代工业文明的环境下，长期受到化学污染的人体，使得锗元素离子活性有衰退的迹象，适当补充这种微量元素有助于身体的健康。但是目前临床阶段尚未发现直接服用锗元素药物可以达到这种类似的效果，目前仍只限于皮肤接触的常年摄取补充。

1. 抗癌活性与免疫作用

有机锗药物之所能震惊医学界，主要是因为其低毒（微毒或无毒）和对人体具有的抗癌和免疫等作用。

日本水岛等对有机锗 Ge-132 的免疫调节作用进行了探讨，实验结果表明，有机锗 Ge-132 不仅是一种免疫强化剂，而且还是一种免疫调节剂。证明了有机锗 Ge-132 抗癌、抗高血压、抗衰老作用是通过机体诱发干扰素及增强自然杀伤细胞的活性、巨噬细胞活化实现的。作者进行有机锗对矽肺鼠的免疫功能影响实验研究，结果表明，胸腺细胞增殖反应和脾细胞增殖反应有增加。矽肺主要因为免疫功能低下，有机锗对矽肺大鼠的免疫功能有显著的改善。

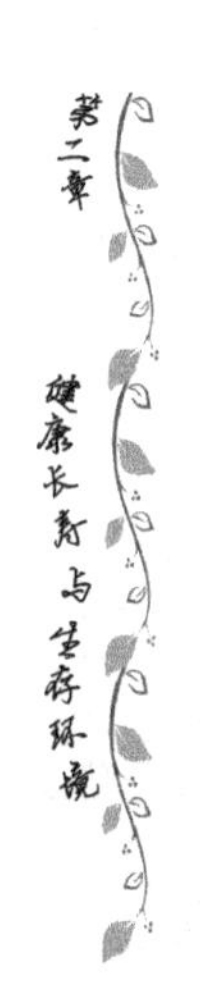

2. 对血液系统的影响

上海医科大学在做 Ge-132 毒性动物实验时发现，实验动物的白细胞和血小板升高。职业性白细胞症 40 例病人服用 Ge-132 和维生素，3 个月为 1 个疗程，Ge-132 90mg/d，1 ~ 2 个疗程，临床症状好转，白细胞和血小板趋于正常。作用机制可能是通过有机锗调节免疫功能引起白细胞减少的作用。张横等报道，曾进行有机锗的辐射防护和造血功能的实验研究，锗元素可使血液中的红细胞数量增加，血红蛋白增加 35% 左右。在医学上，由于锗能刺激红细胞的生成，所以锗的化合物可用来治疗贫血。医学界认为有机锗益寿延年，抗衰老，有利于人体的营养均衡。

3. 有机锗——人类健康新元素

锗亦是生命必需微量元素。有机锗在人体中有很强的脱氢能力，可防止细胞衰老，增强人体免疫力。锗还具有抗肿瘤、抗炎症、抗病毒等生理作用。据日本学者报道，有机锗是一种广谱抗癌药，治疗转移性肺癌、肝癌、生殖系统癌和白血病都有效。据瑞典和美国报道，有机锗治疗恶性淋巴癌、卵巢癌、子宫颈癌、大肠癌、前列腺癌和黑色素癌均有效。因此经常佩带含锗的产品，如“活得久”磁（含锗）性手链，对人们身体有一定帮助，能调理许多病症，有机锗还被誉为“人类健康的保护神”。

4. 抗氧化作用

脂质过氧化物（LPO）是不饱和脂肪酸经自由基作用所形成的过氧化物。过氧化脂质和氧自由基有破坏生物膜、核糖核酸和脱氧核糖核酸的作用，可抑制免疫功能，产生某些变性的蛋白质，引发肿瘤等疾病。同济医科大学谢文发表在《中华预防医学杂志》1996 年 2 期上的研究报告指出：硒和锗能降低心脏、肝脏、肾脏中脂质过氧化物（LPO）含量，提高血液中谷胱甘肽过氧化物酶活力，而且有机锗和硒混合使用时会有更好的清除脂质过氧化物的效果，硒、锗之间表现出协同作用。《营养学报》2004年第26期有研究报告指出：锗（Ge）、硒（Se）能有效提高肝、脑等脏器超氧化物歧化酶（SOD）的活性，降低血清丙二醛（MAD），保护机体不受自由基反应损伤。

此外有资料显示，中老年人多吃富含硒、锗、锌、锰类的食物，对预防老年痴呆症的发生十分有益。

第三章 保健功能纺织品

随着人口老龄化以及人们生活水平的提高，越来越多的消费者更加重视身心健康。人们的需求从身体上的无病痛，逐渐转向了寻找更加健康的生活方式。因此，保健就成为人们追求的一种时尚。正是为了顺应这种消费的潮流，多功能保健产品应运而生。

保健功能纺织品是指含有硒、锗等稀有微量元素，具有磁场功能、抗菌防螨防霉功能、发射远红外线和负离子功能等保健功能，旨在调节和改善机体功能，并且对人体不产生任何毒副作用的一类高科技纺织品。

中国洁尔爽公司、德国 HERST 公司、美国 DuPont 公司等功能材料创新的引导者，开发了一系列功能纺织品新材料，例如，舒适性整理，即体现在透气、透湿、轻盈、滑爽、防静电、亲水、吸湿、快干、自动调温等方面的整理；卫生性整理，即体现在抗菌、防螨、防霉、除臭方面的整理；防护性整理，即体现在阻燃、抗紫外线、防辐射等方面的整理；保健性整理，即体现在有机硒、有机锗、负离子、远红外、芦荟、维生素、美容亲肤等方面的整理；易保管性整理，即体现在抗皱、防蛀等方面的功能整理；这些功能整理材料为健康纺织品的发展创造了基础。

第一节　远红外纺织品

远红外纺织品是指加载高效远红外线发射材料，通过发射的远红外作用于人体，产生热效应，具有改善微循环作用的保健功能纺织产品。

一般而言，常温下具有吸收和发射远红外线功能，且其发射率大于 65% 的纺织品可称为远红外纺织品。常见的远红外织物可分为两类：一类为由远红外纤维加工而成的纺织品；另一类为采用后整理技术，将托玛琳粉、远红外陶瓷粉或其精华提取物植入到织物中的纺织品。

一、远红外织物的优点

众多研究论文证实：远红外织物辐射的远红外线极易被人体所吸收，人体吸收后，不仅使皮肤的表层产生热效应，而且还通过分子产生共振作用，从而使皮肤的深部组织引起自身发热，这种作用的产生可刺激细胞活性，促进人体的新陈代谢作用，进而改善血液的微循环，提高机体的免疫能力，起到一系列的医疗保健效果。人

们通过研究远红外线对人体的生物医学效应，开发了远红外浴箱、远红外辐照器、远红外健身器、频谱治疗仪、能量康复器等一系列医疗保健装置。有关研究报告证明远红外织物有以下优点：

（1）使服装内的温度比普通织物为高，具有保暖功能。

（2）穿用由这种织物制成的服装，有一种轻松舒适的感觉，具有帮助消除疲劳、恢复体力的功能。

（3）对神经痛、肌肉痛等疼痛症状具有缓解的功能。

（4）对关节炎、肩周炎、气管炎、前列腺炎等炎症具有调理的功能。

（5）对心脑血管病等常见微循环疾病具有一定的辅助治疗功能。

（6）具有抗菌、防臭和美容的功能。

二、远红外的作用机制

物体中的电子振动或激发，就会向外放出辐射能。振动使许多粒子发生冲撞，使外层电子提高到较高的能位上去，以致使它脱离了原来的轨道。但是，电子在这种能位上是不稳定的，即从不稳定的较高能位回到原来的较低能位轨道，电子每往回跳一次就会产生一个量子能，释放出辐射能。随着辐射体材质分子结构和温度等诸条件的不同，其辐射波长也各不相同。对于具有高红外辐射能力的远红外发射材料，辐射能以远红外线的形式输出。

远红外纺织品在其后整理过程中或在纤维成型过程中加入一定量的远红外发射材料，这种发射性物质吸收太阳光、环境或人体等外界的能量而使温度升高，然后以红外线的形式向人体辐射。一方面通过对流和传导将本身的热量传递给人体，另一方面人体细胞受远红外线辐射产生共振吸收，加速本身分子的运动，达到保暖保健的目的。这种远红外发射性物质可以在绝对零度以上发射波长和功率与其温度相应的远红外线。

三、远红外发射物质

具有远红外辐射性能的微粉称为远红外粉，国内也称之为远红外陶瓷粉。高温远红外陶瓷粉体主要是含 Mn、Fe、Co、Ni、Cu、Cr 及其氧化物、SiC 等黑色陶瓷粉体。天然电气石具有强红外辐射特性，电气石在还原性气氛条件下进行热处理后，可具有比远红外陶瓷粉更高的红外比辐射率值，在室温下峰值辐射波长为 9.5μm 左右。电气石同时具有显著的压电性与热电性，即使在常温下，一旦环境压力或温度发生微弱变化，其内部分子振动增强、偶极矩发生变化，即热运动使极性分子激发到更高的能级，当它向下跃迁至较低能级时，就以发射远红外线的方式释放多余的能量。低温远红外陶瓷粉介绍见表 3–1。

表 3–1　常见的远红外粉

名称	远红外辐射物质
氧化物	Al_2O_3、ZrO_2、MgO、TiO_2、MnO_2、Fe_2O_3 等
碳化物	ZrC、SiC、B_4C、TaC 等
硼化物	TiB_2、ZrB_2、CrB_2 等
硅化物	$TiSi_2$、$MoSi_2$、WSi_2 等
氮化物	Si_3N_4、TiN 等
稀有元素化合物	Ge、Se 等稀有元素化合物
天然远红外矿石	电气石、麦饭石、萤石、堇青石等

纺织品用远红外粉一般由一种或两种远红外辐射物质组成，在35～37℃的皮肤微气候条件下具有较高的常温比辐射率。当远红外粉的含量在4%～15%时易达到远红外发射率的极值域。远红外粉的粒径由于纤维的不同而有所变化，用于长丝的远红外粉的粒径一般在2微米左右，用于短纤维的远红外粉一般在4微米左右。

四、远红外纺织品的发展

远红外保健纺织品是20世纪90年代国际上开发的高新技术产品之一，它的创意来自于日本陶瓷业的奇想，从而开始了纺织品与远红外物质的结合。日本大东纺织株式会社在1987年之前就开发了远红外保健产品，经东京慈会医科大学的临床实验，证明可以促进血液循环，并且对于因血液循环不良引起的疾病治愈率达70%以上。德国HERST公司采用印花技术生产的远红外纺织品，经测定：在人体正常体温36℃下的热辐射功率达60～80毫瓦。远红外纺织品涉及医学、物理学、电子学、化学等多个领域，汇集了当代材料、化工、纺织等多门学科的研究成果。近几十年来，纺织行业的化纤生产厂、纺织厂和印染厂积极参与，相继开发出各种不同特色的远红外织物，纷纷投入市场，迅速在世界各地扩展开来。比如，洁尔爽公司生产的远红外纤维广泛用于内裤、护腕、护膝、运动服饰及床上用品等的生产制造上。

远红外纺织品在4～16微米波长范围有非常高的发射率，法向发射率不小于0.83，即使经过30次洗涤后法向发射率仍为0.80，由于4～16微米波段与人体红外吸收谱匹配完美，故成为“生命热线”或“生理热线”。远红外织物的加工方法主要有两种：

（1）将陶瓷粉末混合在纺丝液中制得含远红外陶瓷粉的合成纤维，目前基本是在涤纶和丙纶中采用这种方法。用红外纤维经纺纱、织造加工成机织物或针织物，或直接加工成非织造布。该方法优点是织物手感好、透气性好、耐洗涤性好，缺点是加工周期长、不适用于纯棉等天然纤维织物。

（2）将托玛琳粉、远红外陶瓷粉或其精华提取物等高效发射远红外的材料植入织物中，加工方法有浸轧、涂层和喷雾。例如，北京洁尔爽高科技有限公司将托玛琳等天然矿物质超微粉化加工制成纳米多功能粉体 JLSUN®900，整理到织物上，并开发出在织物上固着天然矿物质的整理技术。之后，通过实验研究电气石等功能材料的成分、结构、粒径与吸湿性、负离子效应及远红外辐射效应之间的关系，在理论方面获得重大突破，开发出了适用于天然纤维的多功能整理剂 JLSUN®888。目前最先进的远红外整理技术是在此基础上研制成功的含有托玛琳电气石的精华元素，受激释放远红外线频谱，辐射光谱范围与人体更加匹配，具有多功能性的 JLSUN®SL–99，该方法具有加工路线短、成本低，织物手感好、耐洗涤性好的特点，适用于所有天然纤维和含有氨基或羟基的化学纤维。

我国从 1990 年开始研制生产远红外纺织品，近年来，以北京洁尔爽高科技公司、南京中脉科技发展有限公司、江苏全球康功能纺织品有限公司、深圳市康益保健用品有限公司和康佰（中国）集团广东分公司为代表的国内外知名公司相继开发出远红外纤维及其制品，或经整理、涂层和印花加工后，制成内衣、床上用品等纺织品。近年来，远红外保健产品的生产工艺日趋成熟，并出现了功能复合化的产品。目前我国已经成为远红外纺织品生产大国，产品质

量已经处于国际先进水平，销售额已达到每年几十亿元人民币。使用洁尔爽远红外整理技术生产的 JISUN® 系列远红外床上用品，大量销往日本及北欧等国家。从国内外市场的销售趋势看，此类功能性纺织品未来的需求量将会继续增加。

第二节　负离子纺织品

随着空气中负离子的保健功效不断地为人们所认识，对负离子纺织品的研究也日益受到重视。从 20 世纪 90 年代开始，国际上开始关注负离子纺织品的研究。有关研究报告证明，负离子纺织品直接穿在身上，大面积与人的皮肤接触，利用人体的热能和人体运动与皮肤的摩擦加速负离子的发射，在皮肤与衣服间形成一个负离子空气层，消除了氧自由基对人体健康的多种危害，促进新陈代谢，能起到净化血液、清除体内废物、抑制心血管疾病的作用。而且负离子材料的永久电极还能够直接对皮肤产生微弱电刺激作用，调节自主神经系统，消炎镇痛，提高免疫力，对多种慢性疾病都有较好的辅助治疗效果。通过负离子纺织品与人体经常性的直接接触来发挥负离子的保健功效是负离子作用于人体的最佳途径。

据统计，成年人每天呼吸约 2 万次，吸入的空气量为 10 ~ 15 立方米。洁净的空气对生命来说，比任何东西都重要。世界卫生组织规定，清新空气中负离子含量不应低于 1000 ~ 1500 个 / 立方米。根据有关报道，按每立方厘米负离子个数划分，大气中负离子浓度和健康的关系如下：

1 级——每立方厘米负离子个数≤ 600，不利；

2 级——每立方厘米负离子个数 600 ~ 900，正常；

3 级——每立方厘米负离子个数 900 ~ 1200，较有利；

4 级——每立方厘米负离子个数 1200 ~ 1500，有利；

5 级——每立方厘米负离子个数 1500 ~ 1800，相当有利；

6 级——每立方厘米负离子个数 1800 ~ 2100，很有利；

7 级——每立方厘米负离子个数≥ 2100，极有利。

负离子对人体健康及生态环境的重大影响，已引起国内外专家的高度重视。一般来说，城市房间内的负离子浓度仅为 40 ~ 50 个 / 立方厘米，而负离子纺织品可以自动、长期地释放负离子，其浓度可达 4000 个 / 立方厘米以上，超过了城市公园内的负离子浓度，对人类的身心健康大有益处。

目前，负离子纺织品主要应用在以下几个方面：

（1）衣物及家用纺织品。如内衣内裤、床上用品、毛巾等。

（2）室内装饰物。如装潢用的壁纸、地毯、沙发套、垫子等。

（3）医用织造布。如手术衣、护理服、病床用品等。

（4）过滤材料。如空调过滤网、水处理材料等。

（5）其他织物。

一、负离子添加剂

负离子添加剂中的主要成分负离子素，是一种晶体结构，属三方晶系，空间点群为 R3m 系，是一种典型的极性结晶，这种晶体 R3m 点群中无对称中心，其 C 轴方向的正负电荷无法重合，故晶体两端形成正极与负极，在无外加电场情况下，两端正负极也不消

亡，故又称“永久电极”。“永久电极”在其周围形成电场，使晶体处于高度极化状态，故又叫作“自发极化”，致使晶体正负极积累有电荷。电场的强弱或电荷的多少，取决于偶极矩的离子间距与键角大小，每一种晶体有其固有的偶极矩。当外界有微小作用时（温度变化或压力变化），离子间距和键角发生变化，极化强度增大，使表面电荷层的电荷被释放出来，其电极电荷量加大，电场强度增强，呈现明显的带电状态，或在闭合回路中形成微电流。因此，负离子素是依靠纯天然矿物自身的特性并通过与空气、水气等介质接触而不间断地产生负离子的环保功能材料。

负离子远红外剂比负离子添加剂有更多的功能。人体吸收远红外线最佳波长为9.6微米，而负离子远红外剂辐射远红外线的波长在2 ~ 18微米范围内，二者的频率相近，产生共振吸收作用。负离子远红外剂可吸收电磁波，一方面转化为远红外线，另一方面又可刺激负离子远红外剂发射更多的负离子，从而具有一定的抗电磁波辐射效果。由于负离子添加剂每个晶体颗粒周围都形成一个电场，能对细菌和有机物进行分解，使其成为无害物质，所以负离子添加剂能除臭去异味和具有抗菌作用。

二、负离子产生的机制

有关研究报告介绍，负离子纺织添加剂产生负离子的机制是当空气中的水分子或皮肤表层的水分子进入负离子素电场空间内（一般为直径10 ~ 15微米球形），被永久电极电离，产生氢氧离子和氢离子。由于H^+移动速度很快（H^+的移动速度是OH^-的1.8倍），迅速移向永久电极的负极，吸收一个电子变为H_2逸散到空气中；

而 OH^- 则与另一个水分子形成 $H_3O_2^-$ 负离子。这种变化只要空气湿度不为零就会不间断地进行着，形成负离子（$H_3O_2^-$）永久发射功能，而不会产生有毒物质引发其他副作用。需要说明的是，负离子纺织添加剂发生的负离子与目前市场负离子发生器发生的负离子有明显区别。

负离子体将水或空气中的水分子瞬时“负离子化”，具体反应过程如下：

$$H_2O \xrightarrow{\text{负离子体放电}} H^+ + OH^-$$

$$2H^+ + 2e^- \longrightarrow H_2 \uparrow$$

$$OH^- + H_2O \longrightarrow H_3O_2^-$$（水合羟基离子，即负离子）

三、负离子纤维

负离子纤维由日本最先研发成功，它集释放负离子功能、远红外线辐射、抑菌、除臭、去异味、抗电磁辐射等多种功能于一体。在我国，以北京洁尔爽高科技公司以及深圳市康益保健用品有限公司为代表的国内外知名公司相继开发出这类高科技纺织品，如服装、床上用品、家用纺织品、洗浴用品、体育用品、鞋帽等。负离子服装，穿在身上与皮肤接触，可加速负离子的发射，消除氧自由基对人体健康的危害，呵护人们的健康。负离子的家用纺织品，既可营造室内负离子空气氛围，又可除臭去异味。负离子体育用纺织品既可保护人体免受伤害，又可起到舒筋活血、减轻伤痛作用。

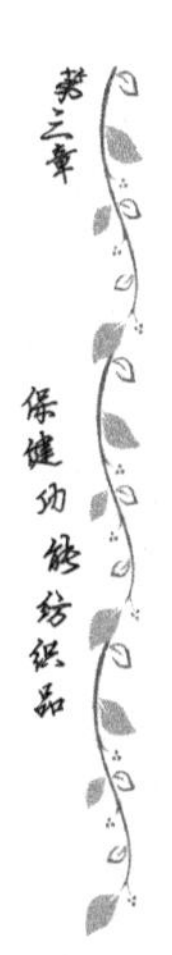

四、负离子纺织品生产技术

负离子功能性纺织品的加工方法主要可分为两类：一类是将能产生负离子的添加剂纺进纤维后织成织物；另一类是通过织物的后整理使纺织品具有产生负离子的功能。

1. 负离子纤维的生产方法

负离子纤维主要的生产方法主要有共聚法和共混纺丝法。共聚法是把负离子添加剂（电气石、稀土类矿石、陶瓷）在聚合过程中加入，制成释放负离子功能切片后纺丝。一般共聚法所得切片或母粒、添加剂分布均匀，纺丝成形性好。共混纺丝法是在聚合或纺丝前，将负离子发生体制成与高聚物材料具有良好相容性的纳米级粉体，经表面处理后，与高聚物载体按一定比例混合，熔融挤出制得负离子母粒，再进行干燥，按一定配比与高聚物切片混合，采用共混纺丝法进行纺丝制备负离子纤维。

2. 纺织品负离子整理技术

纺织品负离子整理技术是在纤维的后加工过程中，利用表面处理技术和树脂整理技术，将含有电气石等能激发空气负离子的材料固着在纤维表面。如德国 HERST 公司将由珊瑚化石的粉体和树脂黏合剂涂覆在纤维上，得到了耐久性良好的负离子纤维。北京洁尔爽高科技有限公司从托玛琳电气石等天然矿物质中筛选出“健康·环保”的功能材料，并将其超微粉化加工制成纳米多功能粉体 JLSUN®900，并成功地应用于生产化学纤维，开发出在织物上固着天然矿物质的整理技术。之后，通过实验研究电气石等功能材料的成分、结构、粒径与吸湿性、抗菌性、负离子效应之间的关系，在理论方面获得重大突破，开发出了适用于天然纤维的多功能整理剂

JLSUN®SLM。该整理剂适用于棉、麻、丝、毛等含有氨基或羟基的天然纤维织物，整理后的面料可以广泛地应用于运动服、外衣、内衣、床上用品和保健医疗用品。多功能整理剂 JLSUN®SLM 具有以下特点：

（1）具有抗菌效果，减少汗臭，有利于环境清洁，是健康纺织品的发展方向。

（2）功能整理剂 SLM 整理织物具有优异的保湿功能，较高的强力，良好的透气性和悬垂性。

（3）通过物理刺激作用，向功能整理剂 SLM 整理织物施加能量，衣服在穿着过程中的摩擦和振动都能产生负离子，具有受激产生负离子的作用。纺织工业化纤产品质量监督中心依据 SFJJ-QWX25—2006《负离子浓度检验细则》检测证明，功能整理剂 SLM 整理纯棉织物的负离子浓度高达 1000 个 / 立方厘米以上。

（4）功能整理剂 SLM 单分子状态上染天然纤维，并以化学键和纤维上的羟基或氨基结合，使得产品具有优异的牢度、柔软的手感，穿着舒适、无任何副作用。

五、负离子纺织品的开发现状

负离子功能性纺织品进入日常生活中，可以认为是“回归大自然”的有效方法之一。由于其具有的优良使用效果，使其在装饰用、产业用、服装用三大领域都有着广阔的市场前景。负离子纺织添加剂的开发应用，不仅为国内纤维行业及纺织行业的厂家提供了提升产品档次、扩大市场份额、提高企业知名度的极好机遇，而且能够使企业不断扩大出口，占领更广阔的国际纺织品市场，最主要

的是，给人们提供了一种全新的多功能负离子环保与健康纺织品，使广大消费者穿出健康、穿出美丽，切实提高人们的生活品位和生活质量。

德国、日本等国家的大型功能材料公司已将负离子整理从助剂开发、试生产走向多功能整理的发展阶段，例如，钟纺（Kanebo）公司的“lone”纤维，Komatsu Seiren 公司的“Verbano”织物，德国 HERST 公司生产的具有负离子效果、耐久吸水性和抗紫外线的产品“Hocst” 307 等。在国内，也从单一功能的负离子纺织品向多功能产品发展，例如，抗菌防螨负离子远红外多功能已是健康寝具的“标配”，这类功能家纺知名品牌有深圳康益保健用品有限公司、南京天脉健康管理有限公司、浙江和也健康科技有限公司、江苏爱思康高科技有限公司、成都梦斯康健康用品有限责任公司。其中，在抗菌防螨负离子远红外多功能纺织品的基础上，深圳康益保健用品有限公司、江苏爱思康高科技有限公司开发了合金锗多功能家纺，南京天脉健康管理有限公司在此基础上开发了富硒多功能床品。但由于价格、保健意识等因素，目前国内市场有待进一步开发和培育。

第三节　磁性功能纺织品

人体细胞是具有一定磁性的微型体，人体有生物磁场。此外，磁场影响人体的生理活动，通过神经、体液系统发生电荷、电位、分子结构、生化和生理功能的变化，以调整人体的肌体功能和提高抗病能力，具有医疗保健作用。北京洁尔爽高科技有限公司等国内外新材料企业相继开发出磁性功能纤维，将这类具有一定均匀磁场强度的磁性功能纤维织成织物，制成服装，不仅具有良好的疗效，而且穿着舒适。这样，就使磁性功能纤维织物成为一种医疗保健品。

一、磁场效应对人体的益处

模拟地球磁场的磁性保健纺织品和家纺产品，能为使用者营造出自然均匀的磁场环境，增强人体机能及免疫力。磁性保健内衣柔软舒适、透气性强，在日常穿衣中即可达到磁疗的目的，方便易行。科学家经过大量实验和观察发现，磁场效应有益健康。有关研究报告证明，磁场效应就是磁场作用于人体后引起的生物效应，归纳起来有以下几方面益处：

（1）促进细胞代谢，活化细胞，平衡内分泌。

（2）促进血液循环，改善微循环状态。

（3）促进炎症消退，消除炎症肿胀和疼痛。

（4）双向调节血压，尤其能使高血压降低，减轻心脏的负担。

（5）提高红细胞的携氧能力，降低血液黏度。

（6）增强和改善人体免疫功能，提高人体对疾病的抵抗能力。

（7）有抗衰老作用，清除体内积存的自由基。

（8）改善血脂代谢，有降低胆固醇的作用。

（9）消除疲劳、促进体力恢复，调节神经系统，有镇静作用，能够消除失眠和精神紧张。

（10）美容养颜，清血排毒。

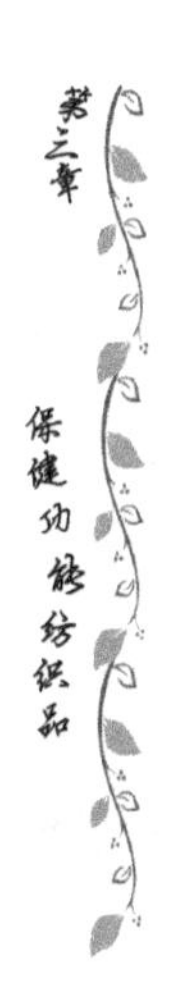

二、磁性纤维的制备方法

磁性纤维可分为磁性纺织纤维和磁性非纺织纤维，磁性非纺织纤维主要用于制造磁性复合材料、磁性涂层材料、磁性纸等。对于纺织工业来说，需要的是磁性纺织纤维。它是一种兼具磁性和纺织纤维特性的材料。目前，常用的制备方法有共混纺丝法、腔内填充法、原位复合法、静电纺丝法、表面涂层法。

1.共混纺丝法

共混纺丝法是制备磁性纤维的常用方法，它是将粒径小于1微米的磁性物质微粒或纳米磁粉混入成纤聚合物的熔体或纺丝原液中，经熔纺或溶液纺纺成磁性纤维。磁性纤维的性能主要取决于加入的磁性微粒的量和粒径。它最大的优势在于既可以混入硬磁粉粒也可以混入软磁粉粒，熔融和溶液纺丝场合下都可应用，且可制备磁性复合纤维或异性截面纤维，但缺点是混入磁粉的量通常较低，使其磁性受到影响，而且纤维本身的力学性能也会受到影响。

2.腔内填充法

该方法主要用于磁性天然纤维素纤维的制备。由于纤维中含有胞腔，因此可通过物理方式将磁性微粒填充到纤维内部。具体过程是：将超细磁性微粒和纤维先后悬浮分散在水介质中，通过剧烈搅拌使大部分磁性微粒填充至纤维胞腔内，小部分吸附在纤维表面的磁性物质可经充分水洗去除，最后加入适量的助留剂协助磁性颗粒稳定地滞留在纤维胞腔内。该方法制得的磁性纤维其表面清洁，纤维强力损失少，可用于制备磁性纸。

3.原位复合法

利用某些纤维中可进行阳离子交换的基团与亚铁离子发生交

换，经过一定处理使其转化为具有磁性的三氧化二铁或四氧化三铁（统称铁氧体）而沉积在纤维的无定形区中，所生成的磁性物质在纤维中所处位置因和进行阳离子交换基团的位置一致，故称为原位复合法。

4. 静电纺丝法

静电纺丝制得的纤维膜具有孔隙率高、纤维精细程度高、比表面积大、均一性好等优点，在与磁性纳米纤维的复合上具有得天独厚的优势。

5. 表面涂层法

表面涂层法就是以适当方法将磁性物质涂布在各种纤维表面制成磁性纤维，操作相对比较简单，但由于只涂覆在表面，所以耐久性差，影响其使用寿命。这种方法用于无机磁性纤维制备的研究较多，但它同样适用于有机磁性纤维的制备。

三、磁性纺织纤维的主要性能

磁性纺织纤维是一种兼具纺织纤维特性和磁性的材料，是在聚合物中加入高浓度磁粉纺制而成，因此具有比较特殊的物理性能和磁性能。磁性纤维的性能是由磁性材料、纤维基材以及纤维的制备过程等多重因素决定的。

1. 磁性纺织纤维的热性能

随着纤维中磁粉质量分数的增加，磁性纤维的结晶度、熔融温度降低。这是因为磁粉以粒子的形式存在于聚合物中，当聚合物熔融时，其分子链的热运动在空间上受到磁粉粒子的摩擦、碰撞等阻碍作用，因而减缓了晶体的生长速度。随着磁粉质量分数的增加，

这种阻碍作用越来越强，因此导致纤维的结晶度随着磁粉质量分数的增加而降低，熔融温度也随之有所降低。

2. 磁性纺织纤维的力学性能

磁性纺织纤维的磁性能与纤维中的磁粉质量分数密切相关。纤维中的磁粉质量分数越高，则磁感应强度也就越大，但磁粉质量分数不能无限制地增加，当磁粉质量分数达到一定比例时，将引起纺丝性能的下降。比如，随着磁粉含量的增加，在相同拉伸倍数下，纤维的强力值下降很大。

3. 磁性纺织纤维的磁性能

磁性纤维的磁感应强度随着纤维中磁粉质量分数的增大而增大。在磁性纤维中，聚合物的作用是黏结磁粉，且使它们的黏结体具有必要的流动性，以保证它能够被纺制成丝。但从磁性能的角度出发，聚合物又被看作为磁性体中的“杂质”，随着它的含量增多，将导致磁性纤维的磁性能降低。因此，尽量提高磁粉质量分数，降低聚合物的质量分数，将有效地提高磁性纤维的磁性能。但磁粉质量分数又不能过高，否则会严重影响磁性纤维的力学性能。因此，在保证材料具有必要的流动性能及力学性能的情况下，应尽可能地提高磁粉质量分数，从而得到磁性能较理想的纤维。

四、磁场对人体作用机制的探讨

有关医学实验报告证实，人体内存在着生物磁场，如脑、心、神经、肺、肝、腹、肌肉、眼睛等都有磁场。磁场对人体的作用主要是通过磁场的生物效应，当磁场作用于人体后会引起人体一系列的反应。

1. 对神经系统的作用

主要反映在中枢神经系统和自主神经系统，通过试验得出结论，低磁场往往使人体的兴奋性增高，而较强的磁场可以使人体的兴奋性降低，呈现抑制反应。

2. 对心脏功能的作用

医学研究表明，磁场对病理性心脏功能失调有一定的治疗作用；对心功能异常的冠心病、心绞痛病人有一定的治疗效果。这主要是磁场能使心血管扩张，改善心脏的血液循环，使心脏的供氧及营养状况得到改善。

3. 对血液成分的作用

经过试验发现，磁场可使血液中的红细胞体积增大，携带氧的能力增强，这样有利于改善组织内的供血供氧，改善各组织营养状况，促进新陈代谢。

4. 对血管系统的作用

磁场改善微循环的机制主要有四个方面：一是通过经络穴位作用，调整血管神经机能；二是通过使人体皮肤组织的感受器受到刺激，反射性地引起血管扩张；三是血液中含有大量的钾、钠、钙、铁等荷电离子，在磁场的作用下，使这些离子的移动速度加快，使红细胞的移动速度也加快，减少红细胞的聚集性；四是磁场作用下产生的微热效应。

5. 磁场对免疫功能的作用

人体免疫力低就容易患病，而磁场可以提高人体的免疫力，在磁场作用下淋巴细胞数量增加，吞噬细胞的数量也增加，同时白细胞的吞噬率也明显增高，从而提高人体的免疫能力。

6. 磁场对内分泌功能的作用

有关医学试验研究报告证明，磁场对内分泌功能的作用主要体现在激活肾上腺功能，使血浆中肾上腺的组织中 11- 氧皮质酮的含量增加。同时体现在对甲状腺功能的作用上，在磁场作用下，甲状腺中的碘及血浆蛋白结合碘显著升高。

7. 磁场对酶活性的作用

医学试验表明，磁场可以提高超氧化物歧化酶的活性，而提高酶的活性的意义是非常重要的。因为超氧化物歧化酶可以催化人体内超氧化物即自由基，有利于自由基的清除。而自由基的增加和蓄积会引发多种疾病。

五、磁性纺织品的发展前景

近年来，磁性纺织品又有了新发展，新型磁性纺织品的不断涌现，满足了人们医疗保健的需要。以北京洁尔爽高科技有限公司、深圳市康益保健用品有限公司为代表的国内外知名公司相继开发出复合功能纺织品，如抗菌、防螨、磁性、负离子、远红外功能家纺产品，防紫外线、防辐射、磁疗服装，热灸磁疗护腰和护膝等。

北京洁尔爽高科技有限公司新开发成功的 JLSUN® 负离子远红外磁性印花浆，通过印花制成具有释放负离子和远红外线效应的磁性保健织物。尤其是磁性印花天然纤维织物穿着舒适、吸汗透气、手感柔软、美观大方，并且采用磁性浆生产磁性织物生产工艺简单，广泛适用于纯棉、莫代尔、化纤和涤棉等混纺纤维织物，可以使用丝网、平网或圆网印花方式印制，也可以采用涂层工艺生产。深圳康益保健用品有限公司、江苏爱思康高科技有限公司、成都梦斯康健康用品有限责任公司生产的磁性抗菌防螨负离子远红外多功能纺织品也以其高品质和优异的保健效果赢得了市场。

磁性纺织品，既具有一般的传统纺织品所没有的磁性，又具有一些以往其他磁性材料所没有的形态结构及性能，诸如服用性、柔软舒适性、弹性等，这就为创造新型磁性保健品带来了可能性。

第四节　抗菌除臭纺织品

微生物平时不引人注目，但却和我们的日常生活有着十分密切的联系。病菌、霉菌等都属微生物，其中流行性感冒、痢疾、霍乱等传染病，手足癣等皮肤病，都是由细菌和病毒所引起的。可以说，微生物严重地影响了人类的生活。大量的致病微生物对人体产生了巨大的危害，因此人们开始研究探索隔离、抑制、消灭这些致病微生物的方法。抗菌整理剂和抗菌卫生加工技术就应运而生了。

抗菌卫生加工通常是依靠抗菌剂来完成的。抗菌剂的用途已广泛地涉及食品、日用化妆品和纺织品等各个工业部门。其中对于专供纺织品整理加工用的抗菌剂，为了更确切地反映其功能，人们已习惯称它为抗菌防臭整理剂（anti-microbial and anti-odor agent），或称为抗菌整理剂（anti-bacterial finishing agent）。

抗菌整理是应用抗菌防臭剂来处理织物（天然纤维、化学纤维及其混纺织物），从而使织物获得抗菌、防霉、防臭、保持清洁卫生等功能。其中应用的抗菌防臭剂能够不改变纤维制品的原本功能（保温性、运动性、舒适性、美感等），而改良纤维制品对微生物的

抑制性能。其加工目的不仅是为了防止织物因为被微生物沾污而受到损伤，更重要的是为了防止传染疾病，保证人体的安全健康和穿着舒适，降低公共环境的交叉感染率，使织物能够获得卫生保健的新功能。

抗菌卫生整理织物可广泛用于医院、宾馆、家庭的床单、被套、毛毯、餐巾、毛巾、鞋里布、沙发布、窗帘布、医用职业装，食品和服务行业的工作服，部队的服装、绷带、纱布等的生产制造。可见，抗菌卫生整理加工的应用范围非常广泛，具有重大的社会意义。

一、纺织品与微生物

微生物是体形微小、构造简单的低等生物的总称，一般包括病毒、类病毒、立克次体、细菌、放线菌、真菌、小型藻类和原生动物。微生物在自然界中的分布极其广泛，有机物质是微生物很容易利用的营养源，一旦环境条件适宜，微生物就会迅速生长和繁殖，破坏材料的物质结构，使其劣化和变质。

与纺织品抗微生物整理密切相关的微生物是细菌、真菌、霉菌等。微生物在人体汗液、皮脂和表面落屑等条件下能够迅速滋生并繁殖。这些繁殖细菌能够通过与人体接触的纺织品转移，容易造成交叉感染，尤其在医院、饮食、服务、旅游行业。例如，1996 年曾引起全世界恐慌的日本全国范围内的食物中毒事件；最近几年，SARS 病毒、禽流感病毒、手足口病和甲型流感病毒 H1N1 的爆发已经对人民生命财产造成极大的损失。因此，为了改善生活环境和增强人体健康，新型高效和抗菌持久的抗菌纺织品逐渐被开发。

二、微生物对人类的影响

从人类诞生之日开始，微生物就对人类的健康和生命造成很大的威胁，给人类带来的灾难有时甚至是毁灭性的。在人类疾病中有50% 是由致病微生物引起的，比如肉毒杆菌、霍乱弧菌、肺炎双球菌、金黄色葡萄球菌、表皮葡萄球菌、假单胞菌属、白喉杆菌、结核杆菌、伤寒杆菌、痢疾杆菌、淋病双球菌、白色念球菌、幽门螺杆菌、溶血性链球菌等。如今，新的瘟疫也在全球蔓延，如艾滋病、军团病、埃博拉病毒、霍乱 0139 新菌型、口蹄疫以及疯牛病等，又给人类带来了新的威胁。

三、抗菌纺织品的发展概况

抗菌纺织品是指对细菌、真菌及病毒等微生物有杀灭或抑制作用的纤维或织物。人类最早使用抗菌纤维和织物的历史可以追溯到古埃及。大约 4000 年前，埃及人就采用植物浸渍液处理裹尸布，保存木乃伊。现代抗菌纤维的研究以 1935 年 Domag 报告为标志，当时 Domag 报告了用季铵盐处理后的服装具有抗菌的功能。德国走在抗菌整理技术的世界前列，第二次世界大战期间，德军用季铵盐处理军服，大大降低了伤员的感染率。1980 年之后，HERST 公司推出了一系列安全抗菌整理剂，并被广泛使用，抗菌织物的耐洗涤性能进一步提高。近年来又开发了抗菌防螨、抗菌防霉等多功能整理剂。日本从 1955 年开始研究具有抗菌防臭功能的抗菌纤维，1973 年研究衣料对皮肤危害的“日本工业皮肤卫生协会”开始对抗菌织物进行监控。

在中国，北京洁尔爽高科技公司开启了抗菌整理剂的先河，该公司研制的抗菌除臭剂 SCJ-963 被列入中国人民武装警察部队后勤部部标准 WHB4109—2002《01 武警作训鞋》，JLSUN® 抗菌整理剂 SCJ-875 用于中国人民解放军 90 作训鞋已有 28 年的历史，该公司建立了国际一流的洁尔爽微生物实验室，北京洁尔爽高科技有限公司起草制定了 GB/T 20944.1—2007《纺织品　抗菌性能的评价　第 1 部分：琼脂平皿扩散法》、GB/T 20944.2—2007《纺织品　抗菌性能的评价 第 2 部分：吸收法》等国家标准。该抗菌功能纺织品标准的实施对于规范市场、引导高科技纺织品的健康发展起到了重要作用。

全国纺织抗菌技术研发中心设立于洁尔爽高科技研究院。该中心是在中国科协的指导下，中国纺织工程学会与北京洁尔爽高科技有限公司共同组建，受中国纺织工程学会直接领导，主要从事高新功能纺织品的技术研发、成果推广、技术认定、质量检验、技术服务等，并受理功能纺织品的检测和吊牌申请。

四、抗菌整理剂

抗菌剂有数百种之多，但纤维及织物可以使用的仅数十种，其中有机类的占 90%，包括天然的与合成的两大类。天然有机抗菌剂主要从天然材料中提炼精制而成，如北京洁尔爽高科技有限公司的天然抗菌整理剂 SCJ-920 是以甲壳素为原料生产的；合成的有机抗菌剂品种众多，以有机酸、酚、醇、杂环化合物等为主要成分。北京洁尔爽高科技有限公司生产的涤纶和锦纶用抗菌整理剂 SCJ-891、抗菌防臭整理剂 SCJ-963、第六代抗菌防臭整理剂 SCJ-2000 都属于有机抗菌剂。

1. 甲壳素抗菌剂

甲壳素是存在于动物甲壳中的一种天然高分子化合物，壳聚糖是甲壳素的脱乙酰化合物，是迄今为止发现的唯一天然多糖，它具有很强的抗菌性、生物降解性、吸附性、高保湿性，且有极佳的溃疡抑制功能。甲壳素抗菌原理是抗菌分子中的正电子和带负电荷的微生物中的磷脂体的唾液酸结合，限制微生物的生命活动，而其抗菌基团穿入微生物的细胞，抑制 DNA 转录为 RNA，从而阻止细胞分裂。这是一种健康的抗菌方法，不影响天然的生态平衡；该产品受到崇尚“天然、绿色、环保”和追求健康长寿的消费者群体的一致好评。

北京洁尔爽高科技有限公司从天然的深海蟹壳中提取甲壳素，经生化过程制成了以壳聚糖改性抗菌物为主要成分的天然抗菌保湿剂 SCJ–920。SCJ–920 通过吸附、交联作用与纤维完成永久性结合，具有优良的耐水洗性，经过多次水洗后，织物仍能保持很好的抗菌能力。它适用于天然纤维等各种纤维织物的抗菌卫生整理，可以获得抗菌、除臭、吸湿、抗静电、舒适的效果，对多种细菌、真菌具有抑制作用，如对大肠杆菌、金黄色葡萄球菌等有害菌具有很强的抗菌活性。对人体无毒，无致畸性，无致突变性，无潜在致癌性，对皮肤无刺激，无过敏反应，符合环保要求。同时 SCJ–920 也有很好的护肤效果和吸湿及保湿性能，对人体汗臭、皮肤瘙痒等都有良好的效果，并可有效散导纤维表面的电荷，消除静电累积现象，使织物表面的电压下降，从而达到抗静电的效果。

2. 银离子抗菌剂

银离子抗菌整理剂是无机抗菌剂，性能优良，合成简单，很

有应用前景。最著名的是德国HERST公司的纳米银抗菌整理剂SILV9700和北京洁尔爽高科技有限公司的银离子抗菌整理剂SCJ-956。

JLSUN® 银离子抗菌剂SCJ-956是全国纺织抗菌技术研发中心重点推荐产品，通过了Intertek环保认证，符合欧盟REACH法规、GB 18401—2010《国家纺织产品基本安全技术规范》和Oeko-Tex Standard 100标准。SCJ-956抗菌整理织物能完全满足GB/T 20944—2007、ISO 20743：2007、JIS L1902：2008、AATCC 100—2012等国内外最严格的抗菌纺织品标准的要求。SCJ-956具有良好的安全性、高效广谱的抗菌性和优异的耐洗涤性，适用于所有纤维（羊毛除外）的针织、机织和无纺布的抗菌整理，尤其是纯棉等纤维素及其混纺织物（如涤/棉织物）。应用于服装、家纺、卫生用品和功能性纺织产品等。抗菌整理剂SCJ-956中的银作用于细胞膜，阻止细菌的呼吸和必需的营养，产生抑制微生物生长的功能。

银离子抗菌整理剂SCJ-956基于一种独特有机复合技术，主要成分为银离子复合化合物，其中银离子直径远小于纳米银胶态颗粒，低浓度即可得到高效广谱的抗菌效果。银离子抗菌剂SCJ-956对MRSA（耐甲氧西林金黄色葡萄球菌）、金黄色葡萄球菌、淋球菌（国内流行株）、淋球菌（国际标准耐药株）、表皮葡萄球菌、蜡样芽孢杆菌、肺炎杆菌、大肠杆菌、绿脓杆菌、白色念珠菌等有害菌具有优异的抗菌作用，经SCJ-956整理后的织物具有广谱高效的抗菌防臭作用，高度耐干洗和水洗；银离子活性成分已用于医疗，并被证明安全，对皮肤无刺激性、无过敏反应，无毒；抗菌剂SCJ-956不含甲醛、有机卤素（AOX）等有害物质，符合美国EPA标准等欧美国家的安全规范和环保要求，对预防织物恶臭、汗臭有显著效果，具有持久的卫生清新和高舒适性。

3. 纳米银抗菌粉

纳米银抗菌粉的主要成分为纳米银系无机化合物，外观通常为白色粉末，可分散于水，对人体安全。由于其粒度为纳米级，用于化纤纺丝，加工过程顺利，不堵网，不堵喷丝头。这类抗菌剂可用于合成纤维切片、海绵、橡胶，也适用于PE（聚乙烯）、PP（聚丙烯）、PVC（聚氯乙烯）、PS（聚苯乙烯）、ABS（丙烯腈－丁二烯－苯乙烯共聚物）、PMMA（聚甲基丙烯酸甲酯）、POM（聚甲醛）、PA（聚酰胺，尼龙）、PC（聚碳酸酯）、PPO（聚苯醚）、PU（聚氨酯）、PTFE（聚四氟乙烯）、PET（聚对苯二甲酸乙二醇酯）、PF（酚醛树脂）等塑料切片，生产抗菌塑料制品。

这类抗菌剂作用于细菌的细胞膜，使细胞膜缺损，通透性增加，细胞内的胞浆物外漏，也可阻碍细菌蛋白质的合成，造成菌体内核蛋白体的耗尽，从而导致细菌死亡。

北京洁尔爽高科技有限公司的纳米银系抗菌防臭粉SCJ-120属于这类抗菌剂，纳米银系抗菌粉SCJ-120具有良好的安全性、广谱高效的抗菌性和良好的安全性，对MRSA、金黄色葡萄球菌、淋球菌（国内流行株）、淋球菌（国际标准耐药株）、肺炎杆菌、大肠杆菌、绿脓杆菌、白色念珠菌、絮状表皮癣菌、石膏样毛癣菌、红色毛癣菌等有害菌具有优异的抗菌作用。经SCJ-120抗菌整理后的织物具有广谱高效的抗菌、防臭作用，高度耐干洗和水洗，对皮肤无刺激性、无过敏反应，无毒，不含甲醛等有害物质，符合欧盟REACH法规、GB 18401—2010《国家纺织产品基本安全技术规范》。临床试验表明，纳米银系抗菌防臭粉SCJ-120预防汗臭、脚臭、皮肤瘙痒有显著效果。

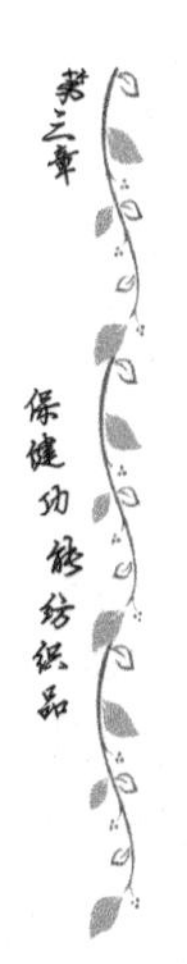

4. 有机硅季铵盐类

有机硅季铵盐系列抗菌整理剂分子结构可变性强，性能优良，合成简单，很有应用前景，有人称该类抗菌剂为“物理抗菌”。最著名的是美国Dowcorning公司的DC–5700和北京洁尔爽高科技有限公司的抗菌整理剂SCJ–877，其活性成分的学名为3–（三甲氧基硅烷基）丙基二甲基十八烷基氯化物，具有耐久性强、安全性好及广谱抗菌的特点。

5. 胍类（PHMB）

水中溶解度小的双胍类消毒剂可以用于纤维和纸张的非耐久抗菌处理。北京洁尔爽高科技有限公司的抗菌整理剂SCJ–875是在PHMB（聚六亚甲基双胍）中引进三甲氧基甲硅烷基丙基制得的，具有广谱抗菌作用和良好的耐热稳定性，可以应用在棉、羊毛及其混纺织物中。

6. 卤胺化合物

卤胺化合物抗菌剂是一种新型的抗菌剂。卤胺化合物是指含有N—X键（X可以为C1或Br）的化合物，它可以由含胺、酰胺或者酰亚胺基团的化合物经氧化剂如次卤酸盐作用后得到，利用其氧化作用杀死病菌等微生物。氯胺化合物经次氯酸盐溶液漂洗后，其中的N—H键又可以被氧化为N—C1键，重新获得杀菌功能。

7. 新型抗菌防臭整理剂

新型抗菌防臭整理剂SCJ–2000带有的多个高活性基团可分别与纤维上的—OH、—NH—形成牢固的共价键，和织物连为一体，使抗菌处理后的织物具有优异的耐洗涤性；SCJ–2000带有的抗菌基团作用于细菌的细胞膜，使细胞膜缺损，通透性增加，细胞内的胞浆物外漏，也可阻碍细菌蛋白质的合成，造成菌体内核蛋白体的耗尽，从而导致细菌死亡；SCJ-2000带有的抗菌基团还选择性地作用于真菌细胞膜的麦角固醇，使细胞膜通透性改变，导致细胞内的重要物质流失，从而使真菌死亡。

中国人民解放军卫生监测中心、中国医学检测中心、中国疾病预防控制中心、日本纺织检查协会、日本化纤检查协会、TUV、ITS、SGS等多家权威单位测试报告证明：抗菌防臭整理剂SCJ-2000对MRSA、金黄色葡萄球菌、表皮葡萄球菌、淋球菌（国内流行株）、淋球菌（国际标准耐药株）、肺炎杆菌、大肠杆菌、绿脓杆菌、枯草杆菌、蜡状芽孢杆菌、白色念珠菌、絮状表皮癣菌、石膏样毛癣菌、红色毛癣菌、青霉菌、黑曲霉菌等有害菌具有优异的抗菌作用，SCJ-2000抗菌整理织物具有广谱高效的抗菌、防臭作用，高度耐干洗和水洗；对皮肤无刺激性、无过敏反应，无毒，无致畸性，无致突变性，无潜在致癌性，不含甲醛和重金属离子等有害物质，符合环保要求，通过了Intertek环保认证，符合欧盟REACH法规、GB 18401—2010《国家纺织产品基本安全技术规范》和Oeko-Tex Standard 100标准；对防治汗臭、脚臭、皮肤瘙痒有显著效果。

五、抗菌纺织品的标准法规及市场发展趋势

抗菌防臭纺织品符合人们对清洁、健康和文明生活方式的要求，是对消费者极具吸引力的功能性纺织品，多功能抗菌纺织品更受消费者的青睐。例如，康益JLSUN®银纤维内裤采用高端的莫代尔针织面料，既平滑柔顺又弹性十足，并运用与时俱进的无痕无缝拼接技术织造，随意外搭看不见内裤的痕迹；设计在特殊部位，采

用科技感满满的镀银纤维面料，可以抵御电磁波等辐射波的侵扰，银纤维还有超强的杀菌抑菌作用，贴心呵护人体的重要部位，除瘙痒，防异味，不湿闷，时刻享有干爽的舒适感。在国内外市场深受欢迎。

目前的抗菌技术已经取得了突飞猛进的发展，为了提高抗菌纺织品产品的质量，杜绝假冒伪劣产品充斥市场，保护生产者和消费者的利益，需要确立一个快速测定的方法和统一的标准，用以规范和促进抗菌纺织品的发展。深圳市康益保健用品有限公司和北京洁尔爽高科技有限公司共同承担了国家发展与改革委员会下达的制修订国家标准计划项目《纺织品　抗菌性能的评定》，制定了国家标准 GB/T 20944.1—2007《纺织品　抗菌性能的评价　第 1 部分：琼脂平皿扩散法》和 GB/T 20944.2—2007《纺织品　抗菌性能的评价　第 2 部分：吸收法》。中国已成为世界上少数几个拥有抗菌纺织品标准的国家之一。

第五节　防螨纺织品

城市家庭的温湿环境为微生物和螨虫的良好生长和繁殖提供了有利条件。据有关部门监测，在我国城市居家环境中存活的螨类共有 16 种之多。螨虫分布以地毯最多，其次为棉被、床垫、枕头、沙发等。据报道，台湾地区 75% 的家庭中都充斥着尘螨，室内每克灰尘隐藏着 10000 只以上的尘螨，远高于诱发过敏性哮喘所需要的每克灰尘含有 100 ~ 1000 只尘螨的浓度。

随着人们生活水平的不断提高，人们更加注重家居生活环境，防螨抗菌纺织品和家居用品不仅可以驱螨，有效防止与尘螨有关疾病的发生，还可以抑制细菌的繁殖，明显改善人们生活环境。因此防螨抗菌纺织品具有广泛的社会需求。

一、螨虫的危害

1. 螨虫的基础知识

螨虫属蛛形纲，其躯体分头胸部及腹部或头胸腹合为一体，无触角，无翅，是小型节肢动物，外形有圆形、卵圆形或长形等。螨虫的体长通常为 0.1 毫米到 0.5 毫米，需要在显微镜下才能观察其形态。虫体基本结构可分为颚体（又称假头）与躯体（idiosoma）两部分。

2. 螨虫的分布及种类

螨虫是一种肉眼不易看见的微型害虫。螨虫广泛分布于居室的阴暗角落、地毯、床垫、枕头、沙发、空调、凉席等处。螨虫有 40 余种，其中与人们关系密切的有以下几种：尘螨、恙螨、革螨、蠕形螨、疥螨和粉螨等。其中尘螨的分布最广、影响最大，螨虫的尸体、分泌物和排泄物都是过敏原，尘螨传播病毒、细菌、立克次体、螺旋体和原虫等，会使人出现过敏性皮炎、哮喘、支气管炎、肾炎、过敏性鼻炎等疾病，严重危害人体健康。

3. 螨虫对人体的危害

人体对螨虫的感染并无免疫性，因此不管任何年龄和民族的人群，均可能被感染。螨虫是一种对人体健康十分有害的生物，它能传播病毒、细菌，并可引起皮炎、毛囊炎、疥癣、疖肿、疱疹、湿

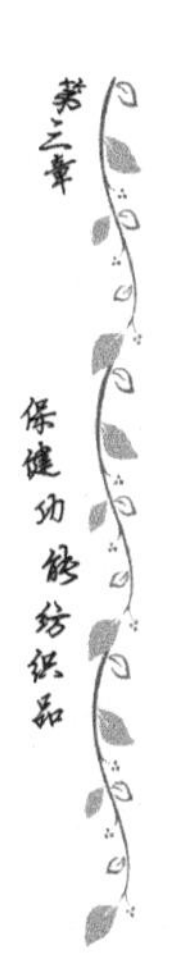

疹、荨麻疹、肠螨病、伤寒、鼠疫、立克次体病、脑炎、脓疱、流行性出血热、毛囊和皮脂腺炎等多种疾病，对人类的身体健康造成严重的危害。螨虫最容易寄生在人的额面部，包括鼻、眼周围，唇、前额、头皮等，其次是乳头、胸、颈等处。螨虫寄生的部位可引发毛囊扩大、血管扩张、周围细胞浸润、纤维组织增生，同时可以引起过敏反应，使局部皮肤略隆起为坚实的小结节，出现红点、红斑、丘疹、肉芽肿、脓疱和瘙痒等现象。螨虫引起的疾病主要有以下几方面：

①过敏性疾病。尘螨能导致过敏性哮喘、过敏性鼻炎、过敏性皮炎。

②寄生。疥螨寄生于人体皮内引起皮炎、疥疮；蠕形螨寄生于毛囊、皮脂腺引起蠕形螨病（痤疮、酒糟鼻等）。

③叮刺或毒螯。革螨、恙螨叮刺人时可致皮炎。席螨引发虫咬性皮炎，这种皮炎会使皮肤出现一块块的红斑、瘙痒。

④吸血。蜱吸血量大，饱血后虫体可胀大几十倍甚至100多倍。

⑤传播疾病。病毒病：革螨及恙螨可传播流行性出血热；立克次体病：恙螨传播恙虫病，革螨传播立克次体病；细菌病：革螨传播兔热病；螺旋体病。

4. 螨传播疾病的特点

①传播人兽共患疾病。

②病原体经卵传播较普遍。

③既是传播媒介，也多是病原体的储存宿主。

④所传播疾病通常呈散发性流行。

二、防螨的原理

纺织品防螨方法主要有三类：一是杀螨法；二是驱避法；三是阻断法。

1. 杀螨法

杀螨法是重要的防螨措施。其中，加热、微波等方法可使织物干燥，破坏螨虫的生活条件，使其死亡。应用杀螨虫剂（如除虫菊酯提取物、异冰片、脱氢醋酸、芳香族羧酸酯、二苯基醚等）通过触杀、喂毒的方式杀灭螨虫。

2. 驱避法

驱避法是使用驱避剂，这是一些带有使螨虫害怕的气味的物质。驱避螨虫有触觉、嗅觉、味觉驱避之分。有机驱避剂的作用机制，如拟除虫菊酯系驱避剂是通过接触作用于螨虫的神经系统，信息素甲苯酰胺系驱避剂是通过气化作用于螨虫嗅觉器官，有机酸系驱避剂是作用于螨虫味觉等。但较好的驱避螨虫的方法是应用嗅觉与味觉的复合作用。各种驱避剂对驱避螨虫的效果不同。早在1949年就有人研究各种化学品对驱避螨虫的效果，并得出规律性的意见，其驱避螨虫效果的大小顺序如下：酰胺、亚胺＞酯、内酯＝醇、苯酚＞醚、缩醛＞酸＞酐＞卤化物＝硝基化合物＞胺、氰化合物等。驱避剂的毒性通常比较小。此外，由于杀虫剂杀死的害虫遗骸，也是过敏反应变应原，所以驱避机制具有较大优点。

3. 阻断法

阻断法是采用致密的织物不让螨虫通过，但是采用致密织物的阻断法不能降低使用环境下的螨虫密度，事实上这不是一个有效的防螨方式。

三、纺织用防螨制剂及防螨整理技术

织物防螨整理技术是现代医学、精细化工与染整新技术相结合的边缘技术。其关键问题是从化工方面如何进行防螨剂的分子结构设计和合成；从医学方面要研究该防螨剂的效果和安全性等；从染整方面要解决防螨剂和纤维的结合以及对织物的牢度、强力、白度和透气性的影响等。

防螨整理是用防螨剂处理织物，从而使织物获得防螨性能、保持纺织品清洁卫生的加工工艺。其目的不仅是为了保持织物清洁，更重要的是为了防止传染疾病，保证人体的安全健康和穿着舒适，降低公共环境的交叉感染率，使织物获得卫生保健的新功能。防螨整理织物可广泛用于人们的内衣、毛巾、浴巾、床单、被套、毛毯、装饰织物、地毯、空气过滤材料等，具有重大的社会效益。

纺织用防螨制剂必须满足如下条件：

（1）适用于天然纤维和合成纤维，使用方便。

（2）对尘螨有高度活性。

（3）防螨效果好且能承受加工条件（如热等）。

（4）无臭味，不降低织物的强力、手感、吸湿性、透气性。

（5）与其他助剂的配伍性好。

（6）加工后无色变现象。

（7）耐久性好，即耐洗涤性和耐气候性良好。

（8）安全，环保。对人体无过敏反应和无刺激性。

四、防螨工艺以及防螨织物的开发

目前，纺织品生产的技术主要有化学防螨技术和物理防螨技术。化学防螨的生产方法主要有两种：一种是采用防螨整理剂的后整理法，后整理法不仅可用于涤纶、腈纶、黏胶等化学纤维，还可以用于棉、毛等天然纤维的防螨处理，因而得到广泛的应用；另一种是将防螨整理剂添加到成纤聚合物中，经纺丝后制成防螨纤维，或对纤维进行改性，使之具有防螨效果。

纺织品防螨处理的方法有喷淋、浸轧、涂层等，关键在于防螨剂的选择和配制。防螨剂的种类决定了产品的防螨效果、防螨剂与纺织品结合的牢固性和防螨效果的耐久性。德国、日本较早地从事防螨后整理的研究。HERST、帝人、可乐丽、东洋纺等大型公司都参与了防螨织物的开发。将防螨剂装入微胶囊中；将防螨剂吸附于硅石、浮石等微细粉末上，实现防螨剂与织物的黏合；或将防螨剂与有机硅氧烷等制成涂层液使用等，可谓方法多样。这类后整理所用防螨剂有冰片衍生物（如 Markamid 1–20、氰硫基乙酸异冰片酯）、有机磷系化合物、烷基酰胺化合物、除虫菊类化合物、硼酸系化合物、硫氰酸乙酯等化合物、芳香族羧酸酯类、氨基甲酸酯、克菌丹、四氯异酞酸腈、*β*– 萘酚、二苯醚系、酞酰亚胺系（如 *N*–一氟三氯甲基硫代酞酰亚胺）、除虫菊酯类、天然柏树精油等植物性物质。国内对防螨整理开发比较早的是北京洁尔爽高科技有限公司（原山东巨龙化工有限公司），该公司开发的整理剂 SCJ–998 整理纯棉和涤 / 棉布，获得对螨虫的高效驱避率，并且具有抗菌作用。

为了提高耐洗性，通过采用包括微胶囊化技术、交联技术等在内的各种技术，使防螨整理剂能在纤维表面形成一层牢固的弹

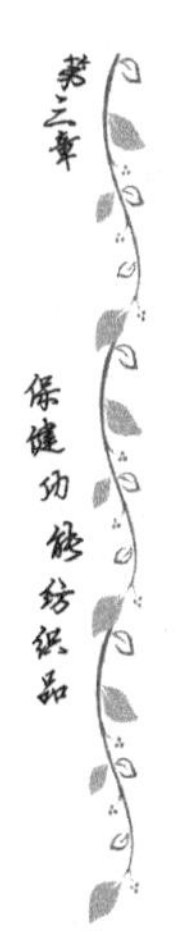

性膜，从而具有较好的耐久性。例如，北京洁尔爽高科技有限公司生产的防螨整理剂 SCJ-999，其主要成分是天然植物精油和胺基有机酯类化合物的纳米微胶囊，并带有活性基团，可与纤维上的—OH、—NH—形成共价键，并在纤维表面形成防虫药膜，达到持久、快速、高效的防螨效果，使防螨处理后的织物具有优异的耐洗涤性。防螨虫整理剂 SCJ-999 通过了 Intertek 环保认证，符合欧盟 REACH 法规、GB 18401—2010《国家纺织产品基本安全技术规范》，和 Oeko-Tex Standard 100 标准。中国医学检测中心、中国疾病预防控制中心、日本纺织检查协会、SGS 等多家权威单位测试和应用证明：JLSUN® SCJ-999 防螨整理织物对尘螨具有高效的驱避作用，对织物外观及其物理指标无不良影响，耐洗涤；对皮肤无刺激性、无过敏反应，对人体安全无毒，穿着舒适，不含甲醛和重金属离子等有害物质，符合环保要求，能完全满足 GB/T 24253—2009《纺织品　防螨性能的评价》等国内外最严格的防螨纺织品标准的要求。

功能纤维防螨技术是在原丝的制造阶段将防螨剂加入纤维中，赋予纤维功能性的处理方法。具体的操作方法有两种：一种是在聚合物聚合过程中加入防螨剂，制成母粒后再进行纺丝，例如，将含有 1%～3%防螨整理剂的乙烯—醋酸乙烯共聚物（84∶16）和聚丙烯系聚合物混合得到母粒，然后与聚丙烯系聚合物混合用于纺丝，如英国 Acordis 公司开发的 Amicor 抗菌纤维和日本钟纺公司的防螨腈纶。采用这种纤维生产的防螨织物，防螨剂镶嵌在纤维内部，不能直接作用于螨虫，防螨效果通常不太理想。北京洁尔爽高科技有限公司的螨虫检验中心对这类防螨纤维进行了广泛的检测，其防螨效果达不到 GB/T 24253—2009《纺织品　防螨性能的评价》

国家标准的要求。

物理防螨主要是阻止螨虫通过的阻断法。一般是使用高密度纺织品，如日本东丽公司的“克利尼克”和杜邦公司的“特卫强”，阻止螨虫的入侵，但这类薄膜材料的防螨效果达不到GB/T 24253—2009《纺织品　防螨性能的评价》国家标准的要求，若标识为防螨产品，将被判定为不合格产品。

五、防螨纺织品及其性能测试

人类对螨的研究虽然已有一百多年的历史，但对杀螨或驱螨的测试标准化工作却是近十年的事。目前国内从事织物防螨性能测试的机构有中国人民解放军军事医学科学院、中国疾病控制中心、中国医学检验中心和北京洁尔爽高科技有限公司螨虫实验室等。

近年来，随着市场上防螨纺织品的应用范围在不断扩大，对防螨纺织品质量的定性和定量评价方法进行全面考核并规范化显得非常重要。不仅生产企业希望能采用科学的试验方法，对产品进行测试和了解，改进生产工艺，达到合理的防螨水平，而且消费者也希望能够有统一的表征防螨性能的指标，来说明产品达到的防螨效果。

为了提高防螨纺织产品的质量，杜绝假冒伪劣产品充斥市场，保护生产者和消费者的利益，需要确立一个快速测定的方法和统一的标准，用以规范和促进防螨纺织品的发展。2006年深圳市康益保健用品有限公司和北京洁尔爽高科技有限公司承担了国家发展与改革委员会下达的制修订国家标准计划项目《纺织品　防螨性能的评定》，制定了GB/T 24253—2009《纺织品　防螨性能的评价》。中国已成为世界上少数几个拥有防螨纺织品标准的国家之一。

六、防螨纺织品的发展趋势

人体不断地以汗液、油脂、皮肤脱落物的形式产生分泌物，在织物与皮肤间有螨虫和微生物繁殖的理想环境——潮湿和温暖，为螨虫和微生物提供了最佳滋生场所。螨虫和微生物的大量繁殖造成卫生条件恶化，产生不良气味，甚至会引起皮肤感染。纺织品洗涤后，看上去很清洁，但是仍有螨虫和病菌存活。同时，现代家庭的温湿度适宜于微生物和螨虫的生长繁殖。螨虫等大量滋生于家用纺织品中，如地毯、沙发及床褥用品等。采用抗菌防螨处理剂整理织物，剥夺了螨虫和细菌滋养生存条件，使其无法繁殖，才能真正达到清洁卫生。防螨纺织品将大量应用于床垫、枕头、被褥、床单、地毯、幕帘、装饰织物、褥垫填充物等家用纺织品。根据台湾学者研究统计，床垫、被褥使用防螨套后，可以显著降低尘螨浓度，有效防止与尘螨有关的皮肤病的发生。深圳康益保健用品有限公司、江苏爱思康高科技有限公司开发了合金锗抗菌防螨多功能家纺，南京天脉健康管理有限公司开发了富硒抗菌防螨负离子远红外多功能床品。

随着我国防螨纺织品标准的建立和产品质量监督工作的加强，以及我国人民生活水平的迅速提高，人们对纺织品的质量要求由传统的实用和美观趋向更重视安全和卫生。螨虫引起的疾病在媒体中大量提及，螨虫危害日益成为人们所关心的环境卫生问题。特别是近两年来，全球生物安全事件频频发生，提高了广大消费者对生物危害的认识，同时也促进了各类功能性保健纺织产品研究与开发。因此防螨纺织品将具有良好的发展前景。

第六节　防电磁辐射纺织品

随着技术革命的进一步深入，环境中电磁场的种类和强度空前增长，主要来源于输配电线路、广播电视发射台、移动电话及其基站、雷达、电脑、微波炉等，以及应用于工业、医疗和商业的各种设备，这些高科技产品在惠及人类的同时，也带来了健康方面的隐患。

电磁辐射（electromagnetism radicalization）是由空间共同输送的电能量和磁能量所组成，而该能量是由电荷移动所产生。电磁辐射包括从极低频的电磁辐射至极高频的电磁辐射。随着电子、电器设备的大量使用，存在于地球上的电磁波能量大幅度增加，一定强度的电磁波辐射不仅直接影响到各个领域中电子设备的正常工作，而且对人体健康产生不良影响。人体受到电磁波的干扰，使机体组织内分子原有的电场发生变化，导致机体生态平衡紊乱，产生记忆力衰退、失眠、多梦、脱发、乏力、头晕、月经失调等症状；心电图可出现心律不齐等；还可影响视力，严重者诱发白内障、中枢神经系统机能障碍、孕妇流产、后代先天畸形、白血病、肿瘤等病症。

电磁辐射污染与大气污染、水质污染和废弃物污染等显著不同，这种污染是一种用感官无法感知的污染现象，被喻为“隐形杀手”。世界卫生组织认为，在各种污染中，电磁辐射的威胁最大，它已成为当今世界影响公众健康和破坏生态环境的严重问题。目前电磁辐射已成为继水、空气、噪声之后的第四大环境污染，并已被联合国人类环境会议列入必须控制的污染。常用各种电器的电磁辐射强度见表 3–2。

表 3-2　各种电器电磁辐射强度

电器	辐射强度（毫高斯）	电器	辐射强度（毫高斯）	电器	辐射强度（毫高斯）
传真机	2	电熨斗	3	录像机	6
VCD	10	音箱	20	电视机	20
电冰箱	20	空调	20	洗衣机	30
电　锅	40	复印机	40	吹风机	70
电须刀	100	电热毯	100	电脑	100
吸尘器	200	无绳电话	200	微波炉	200

一、电磁辐射对人体健康的影响

早在一个世纪之前，科学家们就发现电磁波对人神经系统的作用。人如果在强磁场环境中工作，对声、光、味觉的灵敏度都会发生改变，视觉运动反应时间明显延长，有的反应时间延长 11%；对光线适应缓慢，手脑协调动作差，对数字记忆速度反应减慢，出现错误较多。由此，工伤、交通事故的增加也就不难理解。电磁辐射对人的行为影响最为突出的是对记忆力的影响，表现为记忆力衰退，尤其是短时记忆力减退。同时使人情绪反常，烦躁易怒，产生睡眠障碍，注意力不集中；久而久之，出现头痛、耳鸣、肌肉和关节疼痛或发痒等症状。长期接触短波的人，其性欲减弱，对异性兴趣冷漠。当停止在这样的环境中工作时，不舒适的感觉就会慢慢消失。女性长期接触短波致使胎儿先天素质较差，出现生理缺陷或痴呆。还会使产下的婴儿先天性尿道异常的发生率增加 10 倍。电热毯和电动按摩器、电动剃须刀、移动电话、微波炉、计算机等是目前人们应用最普遍的电器，它们都能产生电磁波，就连我们每天离不开的电视机也会辐射电磁波。可以做一个简单的实验：拿一台半导体收音机，定好音量后靠近电视机，我们会听到半导体收音机发出刺耳的声音，稍稍远一点儿噪声就消失了。所以专家告诫电视迷们看电视时不要离电视机太近是有道理的，而长时间、贴身使用电器的习惯也要改一改。

长期在电磁辐射环境下的工作人员，如电视广播发射台站、微波站、雷达系统和工业、科研、医疗的高频设备等环境下的工作人员，受到辐射的时间长，强度大，受到的危害也就越严重。彭清涛等人发布在《中国医学物理学杂志》2013 年 3 期上的研究报告指出：利用生物体微弱磁场测试分析仪对 181 名电磁辐射作业人员监测，发现他们在消化系统、钙代谢系统、循环系统、运动系统、免疫系统以及呼吸系统等 7 个系统存在的不适症状较为突出，电磁辐射作业环境影响作业人员的身体健康，应采取有效的安全防护措施，以减弱或消除电磁辐射对人体健康的影响。多篇研究报告证明：发电厂和供电企业作业人员在变电站和高压输电线下方作业时存在接触高剂量工频电场的危险。我国的一些高频电热设备的电磁泄漏相对严重，设备附近环境的污染，给操作人员造成严重伤害。根据国内外有关资料报道，电磁辐射可导致如下病症。

1. 中枢神经系统机能障碍和自主神经功能紊乱

以头昏脑胀、失眠多梦、疲乏无力、记忆减退、心悸等最为严重；其次是头痛、四肢酸痛、食欲不振、脱发、体重下降、多汗，有些人发生心跳过速、血压升高，也有些人出现心律不齐等变化。长时间大强度照射，部分人员会出现脑生物电流的改变，白细胞有可能增加或减少，变化呈极不稳定状态。

2. 眼睛、睾丸损伤

眼睛是人体对微波辐射较敏感和易受伤害的器官，其晶状体可能出现混浊或水肿，严重时可出现白内障以至造成视力全部丧失。

微波辐射对睾丸的损害也是比较严重的。由于微波能抑制精子的产生，所以可以使男性患暂时性不育症，辐射过强，则会引起永久性不育。

生物电磁学的研究表明，人体的眼睛和睾丸是最容易受到热效应伤害的组织，因为它们相对缺少有效的血液循环以散发过多的热量（血液循环是人体处理过多热量的最主要机制）。生物实验表明，高功率射频辐射短期照射（比如1小时30分钟）会导致兔子患白内障。当睾丸暴露在高功率射频辐射（或其他产生当量温度上升的能量形式）下，热效应使精子数量和运动能力改变，会导致暂时不育。

3. 诱发癌症或免疫缺陷性疾病

关于诱发癌病的因素，在当今医学界争论激烈，但电磁辐射是诱发癌症的重要因素已是学术界的共识。

4. 造成精神系统机能紊乱

美国精神病专家指出，近几年来精神病患者显著增加，与周围的电磁场强度越来越大有明显的关系。原因是，人体大脑内也有各自微小的电磁场，它与外界的电磁场必须相适应，否则，就会由于失调而影响人的行为。有的学者提出，这种行为改变是下丘脑—垂体—肾上腺或交感神经—肾上腺系统机能紊乱所致。

5. 损伤血液系统和自身免疫系统

电磁辐射可导致自身免疫系统紊乱和损伤而引起许多自身免疫性疾病，如红斑狼疮、肾炎、类风湿关节炎、白血病等。

二、电磁辐射危害人体作用机制

电磁辐射对人体的危害是由不同种类的电磁波能量的粒子造成的。当这类高速粒子穿透人体时，会改变或摧毁人体细胞的分子机制。若辐射强度较低，受损的蛋白质和其他分子通常都能修复；高强度的辐射会直接杀死细胞。即使强度较低，若辐射影响到细胞中产生蛋白质的DNA，仍会对机体产生重大影响。辐射能直接影响DNA，破坏其分子构造，导致潜在的致命肿瘤。

电磁辐射危害人体的机制主要是热效应、非热效应和累积效应等。

（1）热效应。人体70%以上是水，水分子受到电磁波辐射后相互摩擦，引起机体升温，从而影响到体内器官的正常工作。

（2）非热效应。人体的器官和组织都存在微弱的电磁场，它们是稳定和有序的，一旦受到外界电磁场的干扰，处于平衡状态的微弱电磁场即遭到破坏，人体也会遭受损伤。

（3）累积效应。热效应和非热效应作用于人体后，对人体的伤害在尚未来得及自我修复之前（通常所说的人体承受力——内抗力），再次受到电磁波辐射时，其伤害程度就会发生累积，久而久之，会成为永久性病态，危及生命。对于长期接触电磁波辐射的群体，即使功率很小，频率很低，也可能会诱发想不到的病变，应引起警惕。

三、防电磁辐射的方法

对于电磁辐射的危害，目前经常采用被动防护法，就是除了改善工作环境和注意使用方法外，采取给经常接触和操作人员配备防辐射服、防辐射屏、防辐射窗帘、防辐射玻璃等措施，以减少或杜绝电磁辐射的伤害。具体方法如下：

（1）各种家用电器、办公设备、移动电话等都应尽量避免长时间操作。如电视、计算机等电器需要较长时间使用时，应注意每1个小时离开一次，采用眺望远方或闭上眼睛的方式，以减少眼睛的疲劳程度和所受辐射的影响。

（2）当电器暂停使用时，最好不让它们处于待机状态，因为此时可产生较微弱的电磁场，长时间也会产生辐射积累。

（3）对各种电器的使用，应保持一定的安全距离。如眼睛离电视荧光屏的距离，一般为荧光屏宽度的5倍左右；微波炉开启后要离开一米远，孕妇和小孩应尽量远离微波炉；手机在使用时，应尽量使头部与手机天线的距离远一些，最好使用分离耳机和话筒接听电话。

（4）居住、工作在高压线、雷达站、电视台、电磁波发射塔附近的人，佩带心脏起搏器的患者及生活在现代化电器自动化环境中的人，特别是抵抗力较弱的孕妇、儿童、老人等，有条件的应配备阻挡电磁辐射的防辐射卡等产品。

（5）电视、计算机显示屏产生的辐射可能导致皮肤干燥，加速皮肤老化，甚至导致皮肤癌，因此在使用后应及时洗脸。

（6）手机接通瞬间释放的电磁辐射最大，因此最好在手机响过一两秒或电话两次铃声间歇中接听电话。

（7）多吃胡萝卜、西红柿、海带、瘦肉、动物肝脏等富含维生素A、维生素C和蛋白质的食物，加强机体抵抗电磁辐射的能力。

四、防辐射纺织品

防辐射纺织品是利用纺织品内金属纤维构成的环路产生感生电流，由感生电流产生反向电磁场进行屏蔽。金属良导体可以反射电磁波，即当金属网孔径小于电磁波波长（波长 = 光速 / 频率）1/4 时，则电磁波不能透过金属网。

市面上所有的防辐射纺织品均是采用这种原理制成，面料中含有导电金属纤维或导电银纤维，其中金属纤维指的是不锈钢金属纤维，银纤维指的是将纯银镀到锦纶中形成的一种复合纤维，两种纤维均具有良好的导电性，所以可以起到屏蔽电磁波的作用。

1. 防辐射纺织品的发展概况

20 世纪 60 年代国际上制定出电磁辐射防护标准后，电磁辐射屏蔽材料随即出现。80 年代，英国、法国、德国、美国等国家为了防止家用电器电子产品的辐射危害，开发了防辐射屏蔽围裙和屏蔽防护服。德国是最早研究电磁辐射防护材料的国家，其开发的 Snowtex 织物用聚酯或聚酰胺纤维与铜、不锈钢、碳或其他金属合金混纺织造而成。德国 Tempex 股份有限公司与供应商 Ploucquet 合作，用银涂覆在织物两面开发出防电磁辐射织物，制成服装后的屏蔽效能不会因拉链和接缝而衰减。美国 NSP 公司与 Euclid 服装公司共同合作开发了由微细不锈钢纤维制成的织物。瑞士 Swiss Shield 公司与 Sperry 公司采用镀银铜丝，外覆聚亚胺酯膜，然后在外层用纺纱技术包覆一层棉或聚酯纤维，开发出防电磁辐射薄型织物，屏蔽效能可达 50dB。日本钟纺公司将镀银尼龙丝与其他短纤维进行混纺，其制品可以阻断 96% 以上的电磁波。

在我国，深圳康益保健用品有限公司于 20 世纪 80 年代开始研

究生产由铜纤维与涤棉混纺织物制成的电磁辐射屏蔽服。20世纪80年代，北京洁尔爽高科技有限公司开始研究军用不锈钢纤维混纺织物，其中低不锈钢纤维含量织物用于战场假目标，高不锈钢纤维含量织物用于电磁屏蔽和电磁辐射防护服。20世纪90年代，北京洁尔爽高科技有限公司开始生产镀银锦纶，并研制成功航天和军工应用的镀银芳纶织物，打破了西方的技术垄断。

2. 防辐射纺织品的防辐射原理

电磁防护织物的电磁屏蔽基本原理是：采用导体材料，利用电磁波在屏蔽导体表面的反射和在导体内部的吸收及传输过程中的损耗而使电磁波能量的继续传递受到阻碍，起到屏蔽作用。

3. 常见防辐射织物

（1）金属丝和服用纱线的混编织物。金属丝和服用纱线的混编织物是最早使用的电磁波屏蔽织物。金属丝主要由铜丝、镍丝和不锈钢丝及它们的合金制造丝，特殊场合还采用银丝或铅丝。

（2）金属纤维混纺织物。为了进一步改善电磁屏蔽织物的服用性，把金属丝拉成纤维状，再同服用纤维混纺，织成混纺织物。所选用的金属纤维主要是镍纤维和不锈钢纤维，纤维直径可为2～10微米。北京洁尔爽高科技有限公司采用纳米金属屏蔽纤维与棉、天丝、莫代尔或远红外纤维混纺织成防辐射织物，金属屏蔽纤维比蚕丝还细腻柔软。具有穿着舒适、柔软透气、耐洗涤、强力高、使用年限长的特点。权威测试机构检测证实，此面料在30兆赫～16吉赫范围内可反射吸收电磁辐射99%以上，适用于作孕妇装、工作装的面料。

（3）真空镀金属织物。采用真空镀（物理气相沉积）金属技术制备金属织物主要包含两种，一种是先将金属镀在涤纶薄膜上，再切成丝，镶嵌在织物内；另一种是直接把金属镀覆在织物上，在表面再涂上树脂。

（4）金属涂层织物。采用已很成熟的涂层技术，把导电导磁性物质掺入涂层浆液内，使改良的织物获得对电磁波的屏蔽能力。所选用的导电导磁性物质主要有银粉、铜粉、铁粉和石墨粉等。

（5）化学镀金属织物。化学镀是将铜、镍及其合金等金属镀覆在织物上（其主要基材是涤纶、芳纶、玻璃和碳纤维织物），在表面再涂上树脂，能获得均匀的镀层。

北京洁尔爽高科技有限公司研制的新一代纳米合金镀膜织物采用国际最新的多靶磁控真空溅射和电镀复合镀膜工艺，溅镀的纳米金属与纤维熔为一体，使织物表面形成牢固的膜层结构。该合金镀膜织物具有镀膜均匀、性能稳定、屏蔽效能好、工作频率宽（10 千赫 ~ 10 吉赫）、使用寿命长等特点。权威测试机构检测证实，此面料可屏蔽 99.9999% 以上的电磁波（电磁波屏蔽效能可高达 60 分贝），表面电阻为 0.02 ~ 0.20 欧姆 / 平方英寸，单层面料裹严手机后，拨打手机就无法接通，还具有防静电、防紫外线等功能。与第一代金属镀面料相比，该纳米合金镀膜织物轻薄柔软、透气性好、抗氧化能力显著提高，使用寿命延长一倍以上。该产品用于电子及通信的电磁屏蔽、防辐射窗帘、防辐射墙布、防辐射手袋布、防辐射服装衬里或夹层等。

（6）新一代银纤维织物。北京洁尔爽高科技有限公司研制的 JLSUN 第六代纳米银纤维面料是超级防辐射新材料，此面料运用国际最先进的多靶磁控真空溅射、复合镀膜和耐氧化整理工艺，溅镀的纳米单质银与纤维复合成为一体，并使织物表面形成牢固的耐氧化膜层结构，将纯银和环保纤维进行有机整合，具有超强隔离电磁

辐射功能，隔离电磁波 10 ~ 5000 兆赫的宽频段内，屏蔽 99.99% 以上的电磁波（电磁波屏蔽效能可高达 50 分贝），表面电阻小于 1.5 欧姆 / 平方英寸，单层面料裹严手机后，拨打电话就无法接通，耐洗涤 100 次，广谱高效的抗菌除臭效果、优异的抗静电性、调控体温，吸湿速干、透气性好，轻薄柔软，洗后不扎身，可贴身穿着，调节人体微生态环境。与第二代银纤维面料相比，抗氧化和耐洗涤能力均显著提高，使用寿命延长两倍以上。

人类在地球上生存已有几十万年，他们的生存和发展，仅仅是在地球自然磁场伴随下度过的。而现在，人类却要被迫生活在电磁辐射环境里，高耸入云的电视发射塔、转播台、雷达站，星罗棋布的电台、移动电话基站，密如蛛网的高压输电线，数以万计的手机，以及千家万户必备的家用电器等，它们都在不断地辐射着电磁波。在人们居住的生活环境中，形成了一张看不见、摸不着、听不到、错综复杂的电磁辐射网。因此，防电磁辐射纺织品市场前景广阔。一些科技型企业，如浙江娅茜集团、深圳康益保健用品有限公司、江苏爱思康高科技有限公司相继开发了防辐射银纤维内衣、保护睾丸免受辐射的银纤维男士内裤和防辐射服，南京天脉健康管理有限公司开发了富硒防辐射多功能床品，这些产品深受广大消费者的普遍欢迎。

目前，国家应加快制定针对纺织品防电磁辐射测试的方法标准，以便进一步规范整个防电磁辐射纺织品市场。

第四章　健康睡眠纺织品

第一节　睡出健康来

一、睡眠现状调查

“健康来自睡眠”，是医学研究人员根据近年来针对睡眠研究的最新结果所提出的新观点。长期睡眠不足，可能带来一系列的机体损害，包括思考力减退、警觉力与判断力下降、免疫功能低下、内分泌紊乱等。脑力劳动者经常处于高度紧张的状态中，常常出现睡眠问题；很多老年人也时常为“睡眠问题”烦恼。根据欧美等国的调查结果，在60岁以上的老年人群中，由各种因素导致的睡眠障碍的患病率高达70%。国内虽无完整的统计资料，但此类问题也十分普遍。

衰老过程与睡眠质量和数量的变化有密切的联系。与其他年龄段比较，老年人的入睡和睡眠维持困难、白天好打盹等症状更多见。65岁以上人群中，有35% ~ 50%的人经常受睡眠障碍的困扰。成年人对睡眠的需求并不是随着年龄增加而减少，人们通常理解为年纪越大对睡眠的需求就越少，实际上并非如此。老年人由于中枢神经系统结构和功能的变化，如神经元的脱失和突触减少等，睡眠周期节律功能受到影响，导致睡眠调节功能下降，这与大脑随着年龄的变化有关系。24小时的睡眠节律改变，使老年人花更多的时间躺在床上，而实际睡眠却减少。尽管老年人夜间睡眠在减少，白天频繁出现小睡时间的总量却与年轻人的总睡眠时间相等。

根据近几年来解放军总医院睡眠障碍专家门诊的粗略估计，老年睡眠障碍及相关患病就诊率为60%，这与上述统计结果类似。睡眠是必不可缺的生理过程，对于老年人，睡眠质量的好坏是评价其健康状况的一项客观内容。一般而言，健康长寿老人的起居生活较为规律，睡眠较为良好。相反，长期受失眠困扰者，多伴有某种程度的心理、躯体疾患，对机体产生不利的影响。近些年，睡眠障碍对老年人健康的危害性越来越受到普遍的重视。在老年期，睡眠障碍多表现为有效睡眠时间缩短、睡眠较浅、早睡早醒、入睡困难、醒觉次数增多等。这些特点与老年期的生理变化、健康状况及其他因素有着密切的关系。

二、引起睡眠质量差的原因

（1）睡眠的发生与调控是脑特有的功能之一，是主动的调节过程，与其他脑机能一样，被视为一种能力。由于机体的正常老化和脑功能的日渐衰退，醒觉—睡眠节律的调节机能受到损害，从而缺少深度睡眠和快速睡眠，浅睡眠状态相对增加。

（2）老年人各器官功能普遍减退，易患多种疾病，某些病症常是干扰睡眠的主要原因，如睡眠呼吸障碍、瘙痒症、咳嗽、喘息、疼痛、周期性腿动、尿频等。

（3）上述病症需服用多种药物，有些会产生副作用而影响睡眠，其中包括中枢兴奋剂利他林、苯丙胺、茶碱、抗帕金森药、降压药等；长期服用某种药物骤然停用会出现反跳性失眠，如镇静催眠、抗精神药等。

（4）老年人精神、心理因素也是睡眠障碍不可忽视的诱因。尤其是在患有急慢性疾病、丧偶、退休、生活无人照料等情况下，也容易造成老年人失眠。

三、睡眠不足的危害

老年人是睡眠障碍的易损群体，尤其是那些有某种急慢性器质性疾病的老年患者。偶发性失眠可能对身体无大伤害，但长期慢性或严重的睡眠障碍对这些老年人的健康会产生严重的后果。首先，睡眠障碍会加重已有的器质性疾病，使其治疗效果大打折扣。例如，由于睡眠障碍产生烦躁不安、心身疲惫、焦躁、焦虑、抑郁等症，进一步影响心脑血管及其他脏器功能的稳定，易导致心律紊乱、冠心病、脑血管病等。睡眠呼吸暂停综合征也是导致老年人失眠的常见病症之一，而且在老年人群中患病率也较高。已发现睡眠呼吸暂停综合征与心脑血管疾病、睡眠心律紊乱、睡眠猝死等均有

直接的联系。此外，睡眠呼吸暂停伴随低氧血症，可进一步加重对老年人脑功能和其他器官功能的损害。

四、改善老年人睡眠障碍应注意事项

由于上述种种危害，老年人的睡眠障碍是个不容忽视的问题。减轻老年人失眠的痛苦，使每个人都享有良好的睡眠，除针对各种失眠病因的治疗外，如积极治疗原发疾病、合理使用催眠药等，还应在全社会开展睡眠知识的宣传、普及工作，提高对睡眠障碍危害性的认识和增强老年人自我保健意识，对降低睡眠障碍相关性身心健康的损害等，将发挥积极的作用。事实上，那些患有多种器质性疾病且伴有睡眠障碍的老年人，如平时能保持良好的生活和睡眠卫生习惯，经过合理的睡眠治疗，对于稳定及控制原有病症方面会有事半功倍的效果。适当的日间活动和体育锻炼有助于提高睡眠质量。此外，老年人应了解一些睡眠医学保健常识，拥有良好睡眠环境，这对保证良好的睡眠也十分重要，如起居要规律；睡眠环境要舒适、安静、光线暗，卧室温度要适宜，不宜过冷或过热；睡前避免兴奋性活动或饮用含有兴奋性的饮料；睡眠—醒觉紊乱的患者，要有意识地建立规律性睡眠—醒觉模式，平时无特殊情况不要卧床，只有在有睡意时才上床，不要在床上阅读、工作，无论睡多久，早上准时起床，白天不打瞌睡等。此外，平时适当参加户外活动、参加老年集体性活动、保持乐观向上的精神状态等，对提高睡眠质量也是行之有效的方法。

第二节　促进睡眠的因素和延缓睡眠老化的途径

很早以前有人认为：当人或者动物处于一种静止不动的状态时，就称之为睡眠。但是现代生命科学认为：睡眠是大脑暂时性休息的过程，是一种保护性抑制（大脑皮质神经细胞由于不断地工作而疲劳后获得休息的过程）。在这样的过程中，人体的免疫系统、内分泌系统、神经系统会得到某种程度的修护和加强。

一、促进睡眠的因素

一般来说，人体在一定的环境下（包括体内、体外环境），外界对人体的刺激越来越少，在没有光照等刺激因素的情况下，人体会出现两种促进睡眠的因素。

（1）人体会分泌出一种睡眠因子（又称松果体、褪黑素），这种睡眠因子进入血液循环后，逐步完成促进人类睡眠的作用。因为在光照的情况下，这种由脑垂体分泌的睡眠因子受到抑制，这就是为什么在强光下难以入睡的原因。

（2）脑干向上传导的神经信号逐步减少，大脑皮层逐步受到抑制。一旦睡眠中枢被抑制，人脑就会进入睡眠状态。中老年人的脑中枢神经退化严重，脑干的功能弱化，睡眠难以进行，同时，睡眠因子（松果体素）分泌减少，自然容易失眠。

二、促进健康睡眠的途径

要实现健康睡眠，在日常生活中必须做到：

（1）坚持不懈地参加力所能及的活动。要勤于用脑、善于用脑，做有利于促进思维活动的事情，如读书、看报、写作、绘画、舞蹈、唱歌等皆可帮助睡眠。总之，若要睡得好，白天用脑不可少。

（2）睡觉前做好准备。不要接触容易刺激交感神经兴奋的事情，如与人争论、观看紧张情节的电视和激烈的球赛等。

（3）远离影响睡眠的不利条件。既然老人夜尿多，觉醒也多，会影响睡眠质量，那么在临睡前就一定要少喝水，更不宜喝浓茶、咖啡和啤酒，也不要多进食补品和饱食。洗个温水澡，泡个脚，温暖全身，常是安睡的催化液，不妨一试。只要轻轻松松上温床，保证悠然入梦乡。至于依赖药物助睡，那不是理想的长久之计。

（4）选用健康睡眠系统。健康睡眠系统有健康磁疗床垫、健康磁疗被、健康磁疗枕等。较为著名的健康睡眠品牌是深圳康益保健用品有限公司出品的 JLSUN 磁疗托玛琳多功能床垫、抗菌防螨托玛琳多功能子母被和冰磁枕。

第三节　健康睡眠床垫系列

要提高健康水平，就要提高人体血气能量。为人体“充磁、充电、充氧”，可以补充人体所缺的生态能量，提高人体正常的血液携氧能力和细胞活力，从而提升人体血气能量。高科技磁能床垫集现代医学、生命科学、人体工程学、生态环境学及新型材料学等尖端科技成果为一体，精心设计，能有效促进人体血液循环，活化细胞，解除疼痛，缓解疲劳，促进睡眠，使人们在舒适的睡眠之中轻轻松松地使身体细胞得到康复和养护，迎来浑身轻松、精神焕发的金色早晨。

人的一生有 1/3 的时间是在卧室中度过的，睡眠是健康之源，一个好的床垫和睡眠环境不仅会使人容易进入甜美的梦乡，更有益于人的身心健康。

一、健康睡眠床垫的作用和机制

（1）新型多功能健康床垫可产生高穿透力的磁场，通过磁场的物理能量持续作用于人体细胞，从而不断调节和改善机体功能。

（2）多功能健康床垫具有防辐射的作用，内置屏蔽电磁波的防辐射材料。

（3）多功能健康床垫还能起到磁灸的作用，从而能达到调理疼痛的作用。特别是对腰腿痛具有一定的效果。

（4）多功能健康床垫中含有托玛琳电气石精华提取物质，受激释放远红外线和负离子，改善空气环境，促使血液循环顺畅。

（5）新型多功能健康床垫中含有硒等微量元素，通过经皮吸收补充人体所需微量元素。

（6）新型多功能健康床垫中含有有机锗化合物，有机锗化合物具有抗癌、抗衰老、抗高血压、消炎镇痛、抗氧化和调节免疫功能作用。

（7）新型多功能健康床垫面布具有抗菌防螨作用，防止疾病传染，保护人体健康。

（8）新型多功能健康床垫底布布具有防霉作用，防止湿热天气床垫产生霉斑，创造奢侈高尚的健康空间。

二、健康睡眠磁疗床垫举例

健康睡眠磁疗床垫起源于日本生命集团（Japan Life Group），并取得了日本和中国发明专利。20 世纪 90 年代初，日本生命集团和深圳宝恒集团合资注册了深圳日宝来福磁性健康用品有限公司，生产高级磁疗床上用品，北京洁尔爽高科技公司为其提供著名的远红外精密陶瓷布。近年来，以深圳市康益保健品有限公司、南京中脉科技发展有限公司和江苏爱思康高科技有限公司为代表的国内外知名公司在日本生命集团磁疗床技术的基础上相继开发出抗菌、防螨、防霉、远红外、负离子磁疗床垫多功能系列产品。下面以深圳市康益保健品有限公司生产的健康睡眠床垫为例具体说明。

康益健康睡眠磁疗床垫的基本思路是“把巴马长寿村的生态环境移到家”，使人每天花 1/3 的时间用于保健养生。康益磁疗床通过远红外、负离子、立体磁场多种功能的共同作用，全面改善人体微循环，活化人体细胞，提高机体免疫力。

1. 磁疗保健薄床垫

康益薄型磁疗床垫是一款集多功能于一体的高科技功能保健床垫，包括六层结构，如图 4–1 所示。

第 1 层：特玛琳宝石抗菌拒水功能布（或特玛琳宝石抗菌防螨针织提花功能布、特玛琳宝石防霉抗菌防螨防污防水变色面料）。

该功能层使床垫充满干爽、温暖、清新的舒适感觉，远红外法向全发射率高达 83% 以上，受激发出的波长为 4 ~ 14 微米的远红外生物频谱波，不但可以显著改善人体微循环，有效促进新陈代谢、活化细胞，而且具有抗菌防螨功能。

第 2 层：JLSUN-888 负离子远红外整理 T/C 布。其作用是固定和保护医用磁石。

第 3 层：高科技医用稀有元素高强永久磁石。该磁石发出的 1500 高斯立体磁力线能紧贴人体经络，促进人体血液循环，缓解腰酸背痛和身体疲劳。

第 4 层：特玛琳功能纤维。发射出的远红外线波长范围为 4 ~ 16 微米，法向发射率大于 0.83，发出的远红外生物波波长与人体内水的红外吸收波长相匹配，形成能量的最佳吸收。远红外生物波被人体吸收后，不仅使皮肤的表层产生热效应，给生物细胞以“活力”，而且还通过分子产生共振作用，从而引起皮肤深部组织的自身发热。这种作用的产生可刺激细胞活性，改善血液的微循环，使人体的一切机能皆处于活泼旺盛状态，达到延年益寿的目的。

第 5 层：高科技多功能纤维棉。床垫中间有一层多功能纤维棉，两边是很薄的无纺布，柔软兼有弹性，多功能纤维棉片具有抗菌功能，并含有特玛琳电气石精华，受激发出 4 ~ 14 微米远红外生物频谱波，依据 STS-QWX25-2016《负离子浓度检验细则》检测证明，平均负离子浓度高达 2000 个 / 立方厘米以上，具有受激持久释放负离子作用，在使用过程中能产生负离子，同时更能起到减少汗臭、祛除异味、清洁卫生、透气清爽、安全舒适、时刻保证睡眠环境的健康卫生的作用。

第 6 层：防霉织锦（或特玛琳宝石防霉抗菌防螨机织提花功能

布、特玛琳宝石防霉抗菌防螨防污防水变色面料）。用染好颜色的彩色经纬线，经提花、织造工艺织出图案的织物。该层主要起保护和装饰作用。

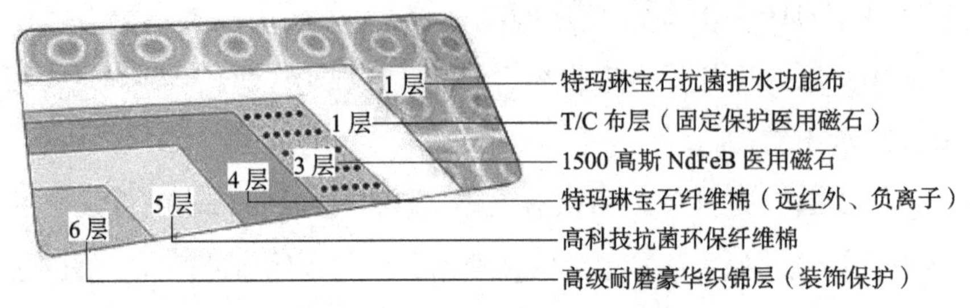

图 4–1　保健薄床垫的基本结构

2. 立体按摩健康睡眠床垫

立体按摩健康睡眠床垫的设计思想是“在享受中获得健康”，床垫受激释放负离子，量子磁能、远红外线作用于人体，可促进血液循环，使人体机能根据季节冷暖自动调节体温，同时采用大量调温素材，能够自然生态地调节睡眠温度，达到“头凉脚暖”“冬暖夏爽”的睡眠佳境。

床垫采用进口仿肌材料的架桥和其他吸湿性不同的纤维合理结合，使肌肤表层排出的湿气与汗水经过芯吸、扩散、传输等作用，迅速导向外部环境，达到温度适合、气流适度、湿度适宜的生态睡眠环境。

通过智能塑型矫正人体脊椎设计，迅速缓解脊椎压力，使 31 对脊椎神经的传导机能趋于正常化，给五脏六腑和四肢增添活力。

运用进口架桥材料和舒体弹力按摩泡棉，采用科学的凹凸不平的点状设计，密集有序的点状结构支撑人体，均匀分散地撑托人体重量，舒展神经，消除疲劳，松弛筋骨。其舒适的弹性和还原性，犹如人体拇指的肌肉，在不知不觉的睡眠翻身中，使人体随时感受体贴入微的指压按摩效果。

立体按摩健康睡眠床垫是高科技舒适16层结构。

第1层：抗菌防螨防霉功能PET纤维针织布层。功能聚酯纤维针织布使床垫充满干爽、温暖、清新的舒适感觉，功能纤维发出的波长4～14微米远红外生物波，显著改善人体微循环，有效促进新陈代谢、活化细胞。而且具有抗菌拒水功能。

第2层：环保聚酯棉层。环保聚酯棉吸汗透气，蓬松而富有弹性，提供舒适的张力和弹力，提升床垫的舒适感。

第3层：T/C布保护层。该层具有良好的透气性，紧紧地包裹着内部指尖按摩构造的床垫体，担当着保护床垫整体的角色，维持内外各层效果，从而提高床垫的耐用性。

第4层：非织造布保护层。该层和T/C布料一起双层保护内在结构的完整性和整体框架的平整大气，使床垫经久耐用。

第5层：竹炭棉层。竹炭纤维棉层起到蓄热保暖的作用，竹炭纤维取材环保，竹炭棉能起到除臭防异味、吸湿导湿等功能。

第6层：天然乳胶层。天然乳胶有分布密集的透气孔道，这些孔可以排出人体的余热及潮气，可促进天然通风；天然乳胶也具有更大的比表面积，能更好地承受身体的重量，更好地调节身体的睡姿；天然乳胶还具有吸收因睡眠翻动所造成的噪声及震动的功能，使睡眠中不受干扰，不会影响睡伴，并能有效减少翻身次数，让您睡得更安稳香甜。

第7层：功能纤维棉层。依据GB/T 30127—2013《纺织品　远红外性能的检测和评价》测试证明，远红外法向全发射率高达85%以上。依据STS-QWX25—2016《负离子浓度检验细则》检测证

明，平均负离子浓度高达2000个/立方厘米以上，具有受激持久释放负离子的作用，同时更能起到清洁卫生、透气清爽、安全舒适、时刻保证睡眠环境的健康卫生的作用。

第9层：合成羊毛聚酯纤维层。该层柔软、强韧、弹性佳、触感舒服，具良好的还原性，并能增强红外线的功效。

第10层：聚酯棉发泡层。该层具有密闭泡孔结构，上佳的吸水隔音性、优良的回弹性以及很强的韧性，具良好的保温防寒效果。

第11层：健康环保棉层。该层柔软适中，透气不老化，不滋生蚊虫，可循环再利用环保材料。

第12层：医用磁石组层。源自日本专利的高科技医用永久磁石组，发出适宜睡眠的1500高斯静态立体磁力线紧贴人体经络，促进人体血液循环，解除腰酸背痛和身体疲劳，并补充身体所需的磁能。

第13层：进口EPE材料架桥发泡聚乙烯层。作为床垫的基座的进口EPE材料架桥弹性适中，呈指尖按摩型，不塌陷。通过智能塑型矫正人体脊椎，迅速缓解脊椎压力，使人体31对脊椎神经的传导机能趋于正常。

架桥采用科学的凹凸不平点状设计，密集有序点状支撑结构，其舒适的弹性和还原性，均匀分散地掌托人体重量，在睡眠中利用人体自重起到指压按摩作用，舒展神经，消除疲劳。犹如人体拇指的肌肉，在不知不觉的睡眠翻转中，使人体随时感受体贴入微的松弛筋骨效果。

颈椎是身体上半部分最重要的部位，连接着大脑和全身，需要科学的枕头保护。脊柱是整个身体的支柱，腰椎是脊柱的下段，并承担着上身的重量。现代人都喜欢睡席梦思床，这种床太软，人躺上去会随重力下沉，腰椎这个全身的“中点”自然弯曲最严重，遭受的压力最大，短期不会有感觉，久而久之就发生腰椎间盘突出了，这也是一些年轻人患腰椎间盘突出这种老年病的原因。为了保护腰椎和脊柱的健康，应该抛弃席梦思、慢回弹等软床，使用EPE材料架桥床垫等软硬适中的健康床垫。

第14层：非织造布保护层。非织造布保护内在结构的完整性和整体框架的平整大气，维持内外各层效果，使床垫经久耐用。

第15层：环保聚酯棉层。环保聚酯棉吸汗透气，蓬松富有弹性，提供舒适的张力和弹力，使床垫各处有合理均衡的受力，更好地保护床垫基座。

第16层：抗菌防螨防霉功能PET纤维床垫布层。使用抗菌防螨防霉的功能布料包裹整个床垫，创造一个干净卫生的床垫系统，让您安心舒适的享受睡眠之旅。

3. 保健床垫面料的发展方向

健康床垫系列是在创新中不断发展的，以下功能将是下一代健康床垫面料的新增功能：

（1）有机锗功能。

（2）有机硒功能。

（3）芦荟及维生素美肤功能。

（4）阻燃性能。美国已对床垫、窗帘等纺织品制定了阻燃标准，日本规定31米以上的高层建筑等所使用的窗帘和床上用品等必须阻燃。阻燃健康床垫可降低火灾发生的概率，降低火势蔓延的危险，保护生命财产安全。

第四节　健康睡眠被系列

一、健康睡眠被的功效

有关科研报告证实，健康睡眠被采用静态立体磁场、托玛琳纤维棉，健康被的特点是柔软、优美、平实、光洁，并同时具有天然、绿色、安全、环保的特点。为人体“充磁、充电、充氧”，可以补充人体所缺的生态能量，提高人体正常的血液携氧能力和细胞活力，从而提升人体血气能量。托玛琳被尤其适用于患有颈椎病、健忘、头痛、失眠、眩晕、耳鸣、神经衰弱、高血压、心脑血管疾病、肩周炎、肢体麻木等的人群。另外，托玛琳被还具有其特殊的功效。

（1）能够受激释放出负离子。负离子的生物学效应主要有：使体液呈弱碱性、改善空气质量、活化细胞、净化血液、消除疲劳、平衡自主神经。

（2）能够受激发射出生物频谱波，其中 2 ~ 14 微米远红外线发射率可达 83% 以上。远红外线对生物具有红外热效应，可以激活生物大分子的活性，促进血液循环、增强新陈代谢、提高免疫力。

（3）静态稀有元素永磁体能使人体血液产生生物级微弱电流，引起人体的生物效应，如促进血液循环、改善新陈代谢、调节中枢神经系统和自主神经系统、调节大脑皮层的功能，特别是改善睡眠的作用。

（4）抗菌防臭功能。保健被所用织物采用国际领先的抗菌防臭剂整理，具有抑制细菌繁殖、消除臭味的功效。

（5）有些高级保健被还含有硒锗等微量元素，能够自体析出微量的硒、锗等微量营养元素，这些元素经皮吸收后非常有利于人体的健康。

二、健康睡眠被举例

为了讲解磁疗保健被的结构和机制，我们以深圳市康益保健品有限公司生产的健康睡眠被为例说明。

高科技磁能子母被集现代医学、生命科学、人体工程学、生态环境学及新型材料学等尖端科技成果为一体，精心设计，能有效促进人体血液循环，活化细胞，解除疼痛，缓解疲劳，促进睡眠，在舒适的睡眠之中就能轻轻松松地使身体细胞得到康复和养护，迎来浑身轻松、精神焕发的金色早晨。

磁性保健羽绒子母被的结构如图 4–2 所示。

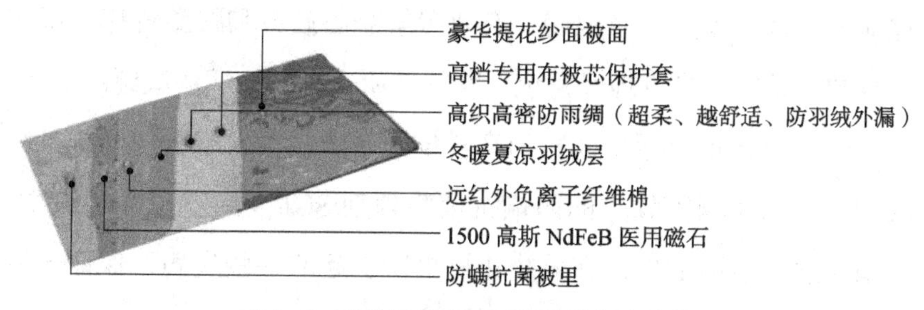

图 4–2　磁性保健羽绒子母被的基本结构

1. 母被主要结构和作用

（1）被面采用多功能纤维素纤维大花织物（或独特花纹的豪华提花织锦缎被面），广谱抗菌，清洁卫生，有效防止螨虫，释放 4 ~ 14 微米远红外线，依据 SFJJ–QWX25—2006《负离子浓度检

验细则》检测织物的平均负离子浓度高达2000个/立方厘米以上，保证人体的安全健康和舒适。

（2）高档专用布被芯保护套，滑爽舒适，方便子被拆装。

（3）远红外负离子纤维棉，受激释放富氧负离子，清新卧室空气，清除异味，使人如沐浴在海边、森林、瀑布般的绿色大自然中，自然睡眠更加舒适。特玛琳功能纤维受激发出的4 ~ 14微米远红外生物频谱波，其波长与人体内水的红外吸收波长相匹配，产生共振作用，形成能量的最佳吸收率。远红外生物波被人体吸收后，不仅使皮肤的表层产生热效应，而且还可刺激细胞，增加细胞活性，改善人体的微循环，使人体的机能处于旺盛状态，达到延年益寿的目的。

（4）高科技静态医用永久磁石，发出的1500高斯立体磁力线能紧贴人体经络，促进人体血液循环，激发人体微弱生物电流，从而激发人体的生命能量，配合特玛琳纤维的高效远红外线，促进人体血液循环，令人倍感温暖，有效缓解身心疲劳和腰酸背痛，调节中枢神经系统和自主神经系统，获得前所未有的舒适健康睡眠。

（5）母被被里所用面料为高科技抗菌防螨柔软贴肤的纤维素纤维织物，采用国家领先的防螨抗菌整理剂SCJ-998整理纯棉织物，广谱高效，清洁卫生，有效防止螨虫所引起的一些疾病，保证人体的安全健康和舒适。

2. 子被主要结构和作用

（1）被面采用独特花纹的聚酯纤维磨毛织物（或高支高密防雨绸，经过纳米防水处理，超柔软，超舒适，防止羽绒外漏），尽显尊贵风范，布料轻薄，拒水防污，清新空气，改善睡眠环境，自然睡眠更加舒适。聚酯纤维磨毛织物被里，柔软舒适，抗菌防螨，依据 SFJJ-QWX25—2006《负离子浓度检验细则》检测织物的平均负离子浓度高达 1500 个 / 立方厘米以上。

（2）被芯采用功能纤维（或天然的羽绒，并经过抗菌负离子远红外多功能处理），在使用过程中的摩擦和振动都能产生负离子，具有受激产生负离子作用，纺织工业化纤产品质量监督中心依据 SFJJ-QWX25—2006《负离子浓度检验细则》检测证明平均负离子浓度高达 1500 个 / 立方厘米以上。科技资料介绍，这些健康负氧离子，有效改善人体微循环并清新卧室空气，清除异味，使人如沐浴在海边、森林、瀑布般的绿色大自然中，睡眠更加舒适。被芯的保暖良好，即使在严冬也让人温暖如春。

自由方便拆装的多用被结构，抽去子被后母被即是夏凉被，使人春、夏、秋、冬都一样使用自如。独特的子母被结构，既方便换洗又确保寝室健康卫生。

第五节　健康睡眠枕系列

一个理想的保健枕，最基本的要求是使枕头能够紧密结合颈椎的生理曲度，使工作学习生活一天的人们，在睡眠之中解除颈椎肌肉和韧带的疲劳。

一、健康睡眠枕的功效

健康睡眠枕是根据传统中医经络理论与现代理疗理论相结合设

计的高科技产品，集生物频谱远红外治疗、穴位磁疗、物理牵引、乳状突出按摩四大功能于一体，有速消炎、祛痛——“治”；通过睡眠时进行保健——“养”，从而治养结合达到颈椎疾病的缓解和治愈。健康睡眠枕发射的静态恒定立体磁力线和 8 ~ 15 微米的远红外线能有效改善头部血液循环，补充身体所需的磁能，镇定安神，改善睡眠。在磁场和生物频谱远红外线的双重作用下，对颈椎病、头痛、眩晕、失眠、神经衰弱、记忆力减退、高血压、肩周炎、肢体麻木、耳鸣等有很好的缓解和理疗作用。特别是 1500 高斯的静态立体磁力线可以调节中枢神经系统和自主神经系统，获得前所未有的舒适健康睡眠，解除失眠的痛苦。

二、健康睡眠枕举例说明

为了讲解健康睡眠枕的结构和机制，下面以深圳市康益保健用品有限公司的健康枕系列为例说明。

1. 磁性保健枕

康益磁性保健枕是根据中医理论设计的一种针对失眠人群的专用枕，兼有预防和缓解颈椎病、肩周炎，改善睡眠的良好功效。

符合人体工程学设计之独特结构而特别设计的枕面利于调整已被损伤的颈椎内外平衡，修复颈椎受损功能。紧贴肩部、颈部之立体磁场和特玛琳高科技宝石纤维发出的远红外线，可使颈部肌肉和皮下组织升温，促进局部血液循环，缓解肌肉痉挛和酸痛，使颈、肩部组织的损伤在睡眠中得到缓解。

独特结构设计，给肩部、颈部、头部以最佳舒适支撑。立体生态磁场使使用者的大脑快速进入睡眠状态；源源不断发射负离子的功能纤维使使用者枕边充满如森林般的新鲜空气，能促进脑部新陈代谢，提高红细胞携氧能力，消除脑部疲劳，改善记忆，令大脑倍感轻松；独特设计能使您在睡眠中得到适度颈椎牵引，恢复正常颈椎曲度；不用电，纯物理疗法，安全无副作用，在睡眠中享受保健和治疗。

磁性保健枕的结构如图 4–3 所示，功效特点如下：

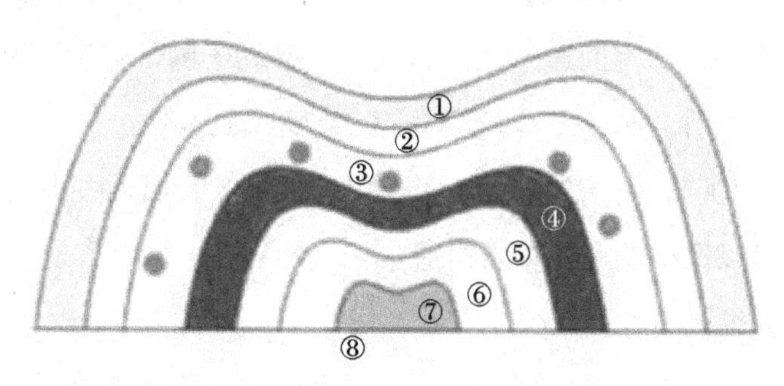

①特玛琳宝石抗菌防螨拒水防污功能布
② T/c 布层（固定保护医用磁石）
③ 1500 高斯 NdFeB 医用磁石
④特玛琳宝石纤维棉（远红外、负离子）
⑤纯棉枕芯套
⑥温度记忆舒适太空棉
⑦高回弹长寿聚氨酯发泡垫体
⑧高级耐磨豪华织锦层（装饰保护）

图 4–3　磁性保健枕的结构

（1）特玛琳宝石抗菌防螨布能受激释放出被人体吸收的 4 ~ 14 微米远红外线，并将其转换成热能，从而达到活化细胞、改善人体微循环、促进新陈代谢的作用，使人体获得勃勃生机，能抗菌拒水防污和释放人体所需要的负离子，清新空气，改善睡眠环境。

（2）1500 高斯 NdFeB 圆形永久神奇医用磁石，科学地分布在垫体内部结构中，能发出 1500 高斯立体磁力线，紧贴人体经络，使头、颈及肩部能充分地、均匀地接受磁力线，从而达到促进人体

血液循环、缓解机体疲劳的效果。

（3）特玛琳宝石纤维棉吸收人体释放出来的热量后，受激释放远红外负离子，并向人体反射，促使细胞活化。特玛琳宝石纤维棉的最大特性是利用人体本身的能量来提高体温，避免副作用的产生。

（4）高回弹长寿聚氨酯发泡垫体，指压按摩并赋予肩颈、头部以舒适承托，枕内四通八达的透气孔，有利于脑部温度下降。配合磁疗镇静作用，能使人良好入睡，改善睡眠质量。

（5）100% 棉所缝制的金线豪华织锦层，使枕垫更加豪华、美观，更可以保护枕芯的各层构造。

2. 磁性牵引枕

磁性牵引枕外观如图 4–4 所示，其结构如图 4–5 所示，功效特点如下。

图 4–4　磁性牵引枕的外观图

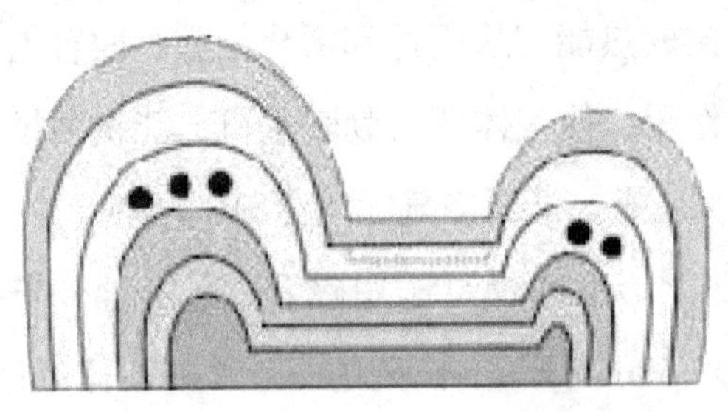

从外层到里层依次为：
①特玛琳宝石抗菌防螨布枕套
②专用布（图定保护医用磁石）
③ 1500 高斯神奇医用磁石
④特玛琳功能纤维
⑤高回弹长寿枕垫
⑥高档织锦布层

图 4–5　磁性牵引枕的结构图

康益磁性牵引枕是根据中医理论设计的一种针对失眠人群促进睡眠的专用枕，兼有预防和颈椎病、肩周炎，改善睡眠的良好功效。

紧贴肩部、颈部之立体磁场和特玛琳高科技宝石纤维发出的远红外线，可使颈部肌肉和皮下组织升温，促进局部血液循环，缓解肌肉痉挛和酸痛，使颈、肩部组织损伤在睡眠中得到缓解。

独特结构设计，给肩部、颈部、头部以最佳舒适支撑。立体生态磁场使使用者的大脑快速进入睡眠状态；源源不断发射负离子的功能纤维能使使用者枕边充满森林般的新鲜空气，能促进脑部新陈代谢，提高红细胞携氧能力，消除脑部疲劳，改善记忆，令大脑倍感轻松；独特设计能使使用者在睡眠中得到适度颈椎牵引，恢复正常颈椎曲度。

3. 冰磁枕

康益冰磁枕采用柔软亲肤的天鹅绒面料做枕套，抗菌防螨，健康舒适；精选弹性适中的乳胶设计成符合人体科学的β型枕芯，有效调节您的睡眠姿势；内置静态稀有元素永久磁石镶嵌于冰乳胶中，可以创造一个适宜睡眠的静态立体磁场，并为您补充身体所需的磁能，经过和康益磁疗床垫结合使用，帮您创造“头冷脚暖”的最佳睡眠状态。冰磁枕设计轻巧，可随身携带，方便出差旅行，是缓解疲劳的催眠安心枕。

第六节　健康睡眠床品的选择

一套质量优异、舒适、具有品位的床上用品，不仅可以创造一个温馨浪漫的家，还可以带来健康舒适的睡眠，而一套劣质床上用品，则是隐藏在床上的健康安全隐患。

床品的质量是最为重要的。选购时首先应注意品牌、环保因素，然后才是价格和款式。一定要选择正牌厂家的产品，因为正牌厂家选用不含偶氮染料印染的环保布料，严格按国家制定的标准生产，产品尺寸足、做工细。

挑选床品应注意以下几点：

（1）查标识，看包装。产品使用说明可采用吊牌、标签、包装说明、使用说明书等形式，可一种或多种同时使用，其内容必须注明：制造者的名称和地址、产品名称、规格型号、采用原料的成分和含量、洗涤方法、执行标准、质量等级、质量合格证明等内容。

（2）查外观，看做工。目前市场上的床上用品档次不同，价格差别大，做工和质量差距也大。质量比较好的产品布面平整均匀、质地细腻、印花清晰、富有光泽、缝纫均匀平整。如产品布面不匀、质地稀疏、花纹紊乱、缝纫粗糙，则质量就难保证，水洗尺寸变化率、染色牢度也可能超标。

（3）找名品，看厂家。知名厂家的产品在品质方面有较好保证。

深圳康益保健用品有限公司、南京中脉科技有限公司、江苏爱思康高科技有限公司、浙江和也健康科技有限公司、成都梦斯康健康用品有限公司等知名企业的健康睡眠床品生产历史长久，质量稳定，得到了众人的青睐，特别是这些企业的“把巴马长寿村的生态环境移到家”的健康睡眠系统更是家庭养生保健的很好选择。

第七节　其他健康睡眠纺织品

一、磁疗眼罩

磁疗眼罩是根据人体眼部穴位特征设计的健康睡眠产品。康益健康眼罩采用双面不同材质的高科技面料制成，具有卫生保健的新功能，特别是具有受激发射远红外线功能，远红外法向全发射率高达 85% 以上。依据 STS–QWX25—2016《负离子浓度检验细则》检测证明，织物的平均负离子浓度高达 2000 个 / 立方厘米以上，具有受激释放负离子作用，在使用过程中能产生负离子，同时更能起到减少汗臭、祛除异味，清洁卫生、手感柔软、透气清爽、安全舒适、时刻保证睡眠环境的健康卫生的作用。健康眼罩采用的高科技面料既有适合温热天气的七彩图案透气布面料，又有保暖蓬松的绒面料，真正做到全年通用。内置稀有磁石，符合人体眼部特征穴位排列，缓解眼睛不适，可以创造一个适宜睡眠的静态立体磁场，并补充身体所需的磁能，在悄无声息的睡眠中源源不断地促进眼部血液循环，缓解疲劳，让您睡得更轻松，特别适合广大白领朋友和失眠人群佩戴。

二、健康步道

健康之行，始于足下。有关研究报告指出，通过足底按摩可以提高睡眠质量。

康益健康步道是一款家庭型的健康养生器材，制作精美，采用高强 PP 仿鹅卵石做成，适合给足部按摩，健身看电视两不误，用完打卷收藏简单方便。康益健康步道的鹅卵石下根据足部穴位布置了高科技健康磁石，可以创造一个强大的静态立体磁场，并为您补充身体所需的磁能，在您行走按摩之时，磁石产生的立体磁场和按摩作用相互促进，实现磁灸和按摩的完美协同效应，提升健身长寿功效。健康步道是足不出户的锻炼神器，故有人说“每天踏上健康步道 30 分钟，健身长寿延长 30 年!”。

三、磁性保健护腰

据报道，使用磁性保健护腰有助于睡眠。康益磁性护腰依据 GB/T 30127—2013《纺织品　远红外性能的检测和评价》测试证明，远红外法向全发射率高达 83% 以上。磁性护腰将 1300 高斯精致磁石镶嵌于贴肤硅胶中，同时选择高档透气松紧带、网眼布及魔术扣布，具有较好的吸湿透气和塑身功能，在磁疗强健腰椎的同时给身体补充磁能，时刻保证腰椎的健康安全。

四、健康床单、被罩和枕套

健康睡眠离不开高质量的健康床单、被罩和枕套。目前高质量的床品四件套大多采用JLSUN® 高科技多功能织物制造而成。JLSUN® 功能织物对尘螨、MRSA、金黄色葡萄球菌、大肠杆菌、肺炎杆菌、白色念珠菌等有害菌具有广谱的抗菌能力，有效防止通过螨虫传播的病毒、细菌、立克次体、螺旋体和病原虫的危害。该产品不仅截断了细菌传染途径，还阻止了细菌繁殖和分解纺织品上污物而产生的臭气。

例如，康益健康四件套具有卫生保健的新功能，特别是具有受激发射远红外线功能，依据GB/T 30127—2013《纺织品　远红外性能的检测和评价》测试证明，JLSUN® 纯棉织物的远红外法向全发射率高达85%以上。依据STS-QWX25—2016《负离子浓度检验细则》检测证明，JLSUN® 纯棉织物的平均负离子浓度高达2000个/立方厘米以上，具有受激持久释放负离子作用，在使用过程中能产生负离子，同时更能起到减少汗臭、祛除异味和抗菌防螨效果，清洁卫生，手感柔软，透气清爽，安全舒适，时刻保证睡眠环境的健康卫生。

一个睡得好的人，基本上是健康的人；一个睡不好的人，肯定是健康有问题的人。常言道："不觅仙方觅睡方，一觉熟睡百病消。"如果我们从提高自己的睡眠质量入手，可能会取得意想不到的效果。现在生活条件越来越好，人们对健康也越来越重视。为了健康、为了长寿，人们应该更加重视健康睡眠。

第五章　结语

都市人的生活方式和生存环境给现代人带来了一些“富贵病”，如糖尿病、颈椎病、腰椎病、高血糖、高脂血症、高血压、心脏病、心脑血管病等，严重危害着人们的健康。

要想健康必须靠自己，自己管理自己的健康，积极进行健康投资。特别是要做到：心情开朗，与人为善，经常适量运动，舍得花时间参加健身活动，调节饮食，重视食物的合理搭配。

健康功能纺织品包括保健内衣、保健服装、保健鞋帽袜子、健康睡眠系统、保健家用纺织品等，这些每天陪伴我们的纺织品时刻影响着我们的健康。因此，研究开发健康功能纺织品对人类的保健事业至关重要！

居室环境是决定健康和生活质量的一项重要的因素，尤其是对于体质较弱的群体，如小孩、老人和病人等。由于都市的生存环境不利于健康长寿，建议城市的家庭窗帘使用防辐射面料，以防止射线对屋内环境的侵扰，家纺产品使用远红外、负离子、立体磁场多种功能的健康纺织品，有条件的家庭建议使用模仿巴马生态环境的康益健康睡眠系统，“把巴马长寿村的生态环境移到家”，把每天 1/3 的时间用于保健养生，全面改善人体微循环，活化人体细胞，提高机体免疫力。

健康百岁，一直是人们的梦想。巴马的确如一朵奇葩，遗世独立，不染尘俗，空气和水都有利于人体，自然环境使人具有百岁生活的能力。长寿者都有良好的生活习惯：热爱劳动，粗茶淡饭，心情开朗，睡硬板床。

热爱劳动：香港中文大学的一项研究发现，多用脑和做家务能够很好地协调手、眼、脑，以预防老年性痴呆。

粗茶淡饭：长寿地区居民的饮食大多以摄入绿色蔬菜为主，吃很多的豆类和坚果。特别是芹菜、韭菜、竹笋、大白菜、卷心菜、白薯等，这类食物纤维多，不容易被肠道消化吸收，却可以吸收很多水分，进而刺激肠道的蠕动，不仅可以改善食欲，清理肠道，还可以有效防止便秘的发生。

心情开朗；让自己多一些笑声，永远在心底里对所有的人和事都抱着一颗感恩的心。

睡硬板床：长寿之乡的健康长寿老人都有一个共同的特点，就是睡硬板床。睡眠既是消除疲劳、恢复体力的重要途径，又是调节各种生理功能、稳定神经系统平衡的重要环节，享有健康的睡眠非常重要。

巴马民风淳厚，人们与世无争，心态平和，生活简单，食饮有节，起居有常，清淡素食，早睡早起，热爱劳动。富含负氧离子的清新空气、充满红外线的灿烂阳光、强大的地磁场、洁净的食品和

水、宜人的生态环境、和谐的社会关系、健康的生活方式、合理的膳食结构是巴马长寿的主要因素。天地人合一，人浑于自然。巴马提供了一种有价值的生活方式，引领人们重新认识自然，与自然平等对话、与自己内心对话、与社会对话，让生活变得更加简单、更加有意义。

参考文献

[1] 王军. 磁疗［M］. 北京：科学出版社，2017.

[2] 殷大奎. 健康在你手中［M］. 3版. 北京：人民卫生出版社，2011.

[3] 商成杰. 功能纺织品［M］. 2版. 北京：中国纺织出版社，2017.

[4] 周万松. 磁与磁疗［M］. 北京：科学技术文献出版社，2010.

[5] 熊有正. 磁·远红外·负离子与健康［M］. 上海：东华大学出版社，2004.

[6] 姚鼎山. 磁·远红外·健康［M］. 上海：东华大学出版社，2005.

[7]（日）堀口昇. 负离子的神奇疗效［M］. 陈洪雅，王素妮，译. 上海：上海中医药大学出版社，2009.

[8] 朱平，赖光坤. 家庭实用理疗法手册［M］. 北京：人民军医出版社，2015.

[9] 张平，张娓华. 远红外织物保暖功能的测试与评价［J］. 西安工程大学学报，2010，24（1）：13-16.

[10] 秦文杰，刘洪太，张一心. 纺织品远红外功能评价标准研究［J］. 纺织科技进展，2009（6）：52-56.

[11] 董绍伟，徐静. 远红外纺织品的研究进展与前景展望［J］. 纺织科技进展，2005（2）：10-12.

[12] 张娓华，张平，王卫. 远红外纺织品性能与测试研究［J］. 染整技术，2009，31（9）：36-39.

[13] 徐卫林. 红外技术与纺织材料［M］. 北京：化学工业出版社，2005.

[14] 范尧明. 保健纺织品的产品结构及进展［J］. 产业用纺织品，2004（12），29-33.

[15] 张艳，陈跃华，孟宪鸿. 纺织品负离子测试探讨［J］. 上海纺织科技，2003，31（4）：61-62.

[16] 陈跃华，公佩虎，张艳，等. 纺织品负离子性能测试方法和负离子纺织品开发［J］. 纺织导报，2005（1）：58-61.

[17] 苍风波. 负离子功能纺织品的现状及其发展趋势［J］. 纺织科技进展，2005（2）：7-9.

[18] 王万秀，李娟娟. 负离子及其纺织品的功能和应用 [J]. 现代纺织技术，2004，12（3）：46–48.

[19] 杨栋樑，王焕祥. 负离子技术在纺织品中的应用近况（一）[J]. 印染，2004，30（20）：46–49.

[20] 朱正峰. 永久性黏胶负离子纤维及其纺纱试验研究 [J]. 中原工学院学报，2004，15（3）：28–31.

[21] 商成杰，张洪杰. 对天然纤维织物进行负离子整理的研究 [J]. 纺织科学研究，2002（4）：4–7.

[22] 毕鹏宇. 纺织品负离子特性及测试系统研究 [D]. 上海：东华大学，2006.

[23] 蔡淑君. 负离子纺织品的测试及溶胶—凝胶法用于负离子功能整理 [D]. 上海：东华大学，2008.

[24] 莫世清，陈衍夏，施亦东，等. 负离子纺织品的检测方法及应用 [J]. 染整技术，2010（5）：24–47.

[25] 何秀玲. 纺织品负离子性能测试方法研究 [J]. 印染助剂，2011（8），50–52.

[26] 邵敏，王进美. 负离子纺织品的开发与应用 [J]. 纺织科技进展，2008（4），4–6.

[27] 杨明霞，普丹丹. 负离子纺织品及其开发现状 [J]. 纺织科技进展，2009（2），10–14.

[28] 黄次沛. 磁性功能纤维 [J]. 合成纤维，2005，29（3）：20–22.

[29] 齐鲁，等. 丙纶磁性纤维充磁条件的探讨 [J]. 石油技术与应用，2003，21（1）：12–14.

[30] 黄德恩. 磁场疗法治疗挫伤 716 例疗效分析 [J]. 生物磁学，1993（3/4）：37.

[31] 杨瑞. 交变磁场治疗软组织扭挫伤 426 例 [J]. 生物磁学，1999（3/4）：55.

[32] 朱长远. 磁疗与保健 [J]. 生物磁学，1999，（3/4）：35–37.

[33] 齐鲁，叶建忠，邹建柱，等. 磁性纤维的实验研究 [J]. 纺织学报，2004，25（1）：22–25.

[34] 齐鲁，李和玉，叶建忠，等. 磁性纤维力学性能探讨 [J]. 合成纤维工业，2001，24（4）：9–11.

[35] 齐鲁，叶建忠，李和玉，等. 磁性纤维性能的分析 [J]. 东华大学学报，2003，29（6）：108–110.

[36] 商成杰，抗菌卫生整理的研究 [J]. 产业用纺织品，1987（6）：1–9.

［37］沈萍．微生物学［M］．北京：高等教育出版社，2000．
［38］崔胜云，池善女，刘立春，等．碘化壳聚糖的制备及其抗菌活性的研究［J］．中国生化药物杂志，2005（3）：26．
［39］邹承淑，商成杰．织物的高效耐久抗菌卫生整理［J］．印染，1997（1）：58–59．
［40］杨栋樑．双胍结构抗菌防臭整理剂［J］．印染，2003（1）：39–43．
［41］池莉娜．抗菌整理剂抗菌非织造布的开发应用［J］．新纺织，2000（12）：26–31．
［42］邹承淑，张洪杰．织物抗菌卫生整理的发展概况［J］．印染，2002（增刊）：58–59．
［43］王健敏，黎彤．抗菌卫生纺织品的生产实践［J］．上海纺织科技，2001（3）：52–54．
［44］高春朋，高铭，刘雁雁．纺织品抗菌性能测试方法及标准［J］．染整技术，2007（2）：38–42．
［45］闵洁．无机抗菌剂及其纤维应用［J］．合成纤维，2002（3）：21–23．
［46］商成杰，王伟昭．织物抗菌卫生整理的应用［J］．印染，2004（4）：33–34．
［47］张洪杰，张金桐，商成杰．防尘螨药物的实验室药效测试方法［J］．昆虫知识，2004（3）：275–278．
［48］邹永淑，商成杰．防螨抗菌织物的研究［J］．纺织导报，2000（1）：26–28．
［49］齐藤俊夫．具有抗尘螨效果的纤维构造品的制造方法．日本，827671［P］．
［50］何中琴．纤维产品的防螨加工［J］．印染译丛，2000（3）：52–60．
［51］中曷照夫．纤维制品的防螨整理［J］．加工技术（日），2000，35（3）：52．
［52］刘立华，王文祖．电磁辐射与防电磁辐射的纤维及服装［J］．北京纺织，2003（12）：28–30．
［53］王亚君．电磁辐射的评价与防护［J］．电力环保，2004，20（1）：12–14．
［54］李雅轩．电磁辐射对人体的伤害以及预防［J］．工业安全与环保，2003，29（9）：22–24．
［55］杨栋樑．金属织物的金属化处理及其产品的应用前景（一）［J］．印染，2001（9）．
［56］张兴祥．远红外纤维和织物及其研究和发展［J］．纺织学报，2003，（11）：37–40．
［57］商成杰．新型染整助剂手册［M］．北京：中国纺织出版社，2002．

[58] 姜怀，胡守忠. 红外辐射与纺织品 [M]. 北京：化学工业出版社，2016.

[59] 林卫伟. 金属化织物的加工和应用 [J]. 印染译丛，1992（1）：99–105.

[60] 杨栋樑. 织物的金属化处理及其产品应用前景（二）[J]. 印染，2001，27（9）：31–35.

[61] 江日金. 涤纶金属丝网布的制作工艺及其用途 [J]. 产业用纺织品，2003（4）.

[62] 黄玉光 . 航空非金属材料性能测试技术（2）——塑料与纺织材料 [M]. 北京：人民军医出版社，2015.

[63] 张长民，刘长江，王灵珍，等. 磁疗治百病 [M]. 长春：吉林科学技术出版社，2002.